KB020131

마법에서 과학으로:
자석과 스핀트로닉스

김갑진

경북 의성에서 태어나고 자랐다. 어려서부터 마늘 심는 기계를 만들어 부모님을 돕겠다는 꿈을 가졌으나, 고등학교 선생님의 "물리학자가 되면 온 인류를 도울 수 있다"는 말씀에 물리학의 길을 걷기로 결심했다. 막상 물리학을 공부해보니 '나 같은 사람이 할 수 있는 것이 아니구나!' 라는 생각에 방황하였지만, '나 같은 사람도 열심히 하다 보면 언젠가 이해할 수 있지 않을까?'라는 생각에 계속해서 이 길을 고집하고 있다. 자석을 연구하며, 자성의 근원인 스핀을 이용하여 인류를 도울 수 있는 방법을 찾고 있다. 이유는 잘 모르겠지만 1년 365일중 362일 정도는 연구가 즐겁다. 어쩌다 출연한 2019년 카오스재단 강연이 큰 인기를 끌어 2023년 현재 조회수 200만회를 돌파하였다.

서울대학교 자연과학대학 최우수 박사학위 논문상 수상
2017 KAIST를 빛낸 10대 연구 성과 선정
KAIST 개교 50주년 기념 학술상 수상
아시아 자기학회 젊은 과학자상 수상

2000~2004 | 서울대학교 사범대학 물리교육과(학사)
2005~2011 | 서울대학교 물리천문학부(박사)
2011~2013 | 교토대학교 화학연구소 박사후연구원
2013~2016 | 교토대학교 화학연구소 조교수
2016~현재 | 카이스트 자연과학대학 물리학과 조교수/부교수

마법에서 과학으로: 자석과 스핀트로닉스

김갑진

KAOS × Epi

반짝이는 순간 02

이음

감사의 말

책을 쓴다는 것은 참으로 근사한 일임에 틀림없다. 하지만, 그것은 내가 아닌 다른 특별한 누군가가 쓰는 것으로만 생각했다. 교과서 이외에는 별다른 책을 읽어본 적도 없고, 제대로 된 글쓰기를 배운 적도 없는 내가, 이렇게 책을 쓰면 세상의 놀림을 받을 것도 같기에 부끄럽기도 하고 무섭기도 했다.

그럼에도 불구하고 내가 책을 쓰기로 마음 먹었던 것은 '누군가를 돕고 싶어서'였다. 지난 10여 년간 나름은 치열하게 공부했고, 그래서 내가 연구하는 분야는 어느 정도 이해할 수 있게 되었다. 이러한 나의 이해가 보잘것없는 지식일 수 있지만, 나와 같은 이 길을 걸어갈 그 누군가에게는 작은 도

움이 될 수 있을 것이라 생각했다. 그 누군가가 나와 같은 이해를 얻는 데 또다시 10여 년의 세월이 걸린다면 과학의 발전이 너무나 더디지 않겠는가? 어쩌면 나에게는 다음 사람을 위해 내가 이해한 것을 기록해서 전해주어야 할 의무가 있다고도 생각했다.

이런 생각을 하고 있던 와중에 한국자기학회 前 회장님이신 신경호 박사님께서 연락을 하셨다. "한국자기학회 창립 30주년을 맞아, 자성학에 대해 정리하는 글을 한번 써보지 않겠나?" 그렇게 글쓰기가 시작되었다. 내가 맡은 부분은 자성학 중에서도 물리에 해당하는 부분이었다[나는 물리학자니까!]. 그러던 중에 성균관대 한정훈 교수님께서 고등과학원에서 발행하는 웹진 〈HORIZON〉에 '자석의 재발견'에 대하여 기고해줄 것을 요청하셨다. 그렇게 글쓰기가 진행되었고, 마침 [이음]의 주일우 대표님으로부터 책을 한번 내어 보자는 연락이 와서 두 곳에 기고한 글에다 약간의 살을 덧붙여 책을 출간하게 되었다.

이 책에 쓴 내용은 대부분 지금까지 배운 내용을 정리한 것이다. 그러니 이 책은 나를 가르쳐 주신 스승님들의 은혜 덕분이다. 책을 쓸 수 있을 만큼 나를 가르쳐 주신 스승님들께 감사를 전한다. 배운 내용을 내 나름대로 이해한 바를 바탕으로 적었지만, 간혹 내 이해가 틀린 경우가 있을 수도 있다. 그렇다면 전적으로 나의 부족함 때문이다. 혹 틀린 부분이 있다면 책을 읽는 독자들이 내게 꼭 알려 주길 바란다. 그래야 나도 더 배울 수 있을 것이다.

책을 쓰는 데에는 많은 시간과 노력이 들어간다는 것을 직접 써보면서야 깨달았다. 학교에서는 교수로서, 집에서는 아빠와 남편으로서 해야 할 일들에 충분히 시간을 쓰지 못했다는 말이기도 하다. 이런 나를 이해해준 나의 학생들과 가족들에게 미안함과 감사함을 전한다. 또한 글쓰기가 서툴러 흔한 맞춤법마저도 틀린 경우가 많았다. 꼼꼼하고 친절하게 교정을 도와준 [이음]의 이승연 편집자에게도 감사의 말을 전하고 싶다.

생각해보면 지금껏 공부하며 초등학교 때부터 대학원에 이르기까지 많은 장학금을 받았다. 어려웠지만, 누군가가 주신 장학금 덕에 공부를 계속할 수 있었다. 그렇게 받은 은혜에 이 책이 작은 보답이 된다면 나로서는 더할나위 없는 기쁨이겠다.

과학자란 생각하는 것이 하루의 일과인 그런 직업이다. 그래서 퇴근 후 밥상머리에 앉아서도 계속 일할 수밖에 없고, 우는 아이를 달래는 척하면서도 계속 일할 수밖에 없다. 맘

편하게 생각할 수 있는 조용한 저녁 시간을 갈구할 수밖에 없는 그런 남편을, 한없는 아량으로 이해해주는 현명한 아내에게 감사를 전한다. 생각해보면, 나는 육아를 위해서 조용한 저녁 시간을 포기할 뿐이지만, 아내는 꿈과 인생을 포기하지 않았던가. 미안한 마음을 표현할 길 없지만, 이 책이 조금이나마 아내에게 위안이 될 수 있다면... 그러면 정말 좋겠다.

2021년 늦여름,

KAIST 연구실에서 김갑진

차례

5 감사의 말

13 들어가며

CHAPTER 1

17 **자석의 N극과 S극은 어디서 나오는 걸까**

자석은 맨 처음 누가 발견했을까
전기는 누가 발견했을까
전기와 자기는 서로 관계가 있을까
전기와 자기는 어떻게 얽혀 있을까
전기와 자기를 주는 근원은 무엇인가
원자는 어떤 모양일까
원자를 어떻게 설명해야 할까
보어의 가설은 어떻게 등장했을까
왜 원자의 선스펙트럼은 자석에 영향을 받을까
진짜 원자는 어떤 모양일까

CHAPTER 2

71 **자석은 왜 밀고 당기는 힘을 주는 걸까**

자석이 주는 힘의 원인은
자기력을 어떻게 이해해야 할까
자석은 왜 같은 극끼리 밀어낼까

CHAPTER 3

89 **스핀이란 무엇인가**

도대체 스핀이란 무엇인가
스핀의 존재를 실험으로 증명할 수 있을까
원자에서 전자의 스핀은 어떤 식으로 배치되어 있을까
왜 하나의 양자 상태에는 하나의 전자만이 들어갈 수 있을까

CHAPTER 4

111 **자석이란 무엇인가**

원자 자석이 여럿 모이면
자석의 성질을 결정하는 원자의 상호 작용은
스핀을 정렬시키는 상호 작용은
무엇이 스핀 정렬을 흐트러뜨리는가
반자성체에 자기장을 가하면
철은 정말 자석일까
자석의 N극와 S극은 어떻게 고정될까
인류는 어떤 자석을 만들어 왔을까

CHAPTER 5

151 **자석을 재발견하다**

원자를 층층이 쌓아 인공 자석을 만들 수 있을까
자석에 전류를 흘리면
전류로 자석의 방향을 바꿀 수 있을까
회전하면서 앞으로 나아가면
스핀의 흐름은 어떻게 정의할까
열을 주었을 때 스핀은 어떻게 반응할까
물체를 회전시키면 자석이 될까

CHAPTER 6

187 **자석 연구의 최전선**

스핀트로닉스는 인류의 발전에 어떤 기여를 했나
하드디스크의 한계는
스핀 전류를 이용하는 새로운 메모리는
레이스트랙 메모리를 실현할 수 있을까
궁극의 메모리란
자석의 쓰임새는 무궁무진하다

224 나오며

228 주

들어가며

나는 물리학자다.

물리物理라는 것은 만물의 이치라는 뜻이니, 이 세상 만물의 이치를 연구하는 사람이 바로 물리학자다. 물리학자로서 내가 하는 일은 세상 만물 중에서도 '자석'의 이치를 연구하는 것이다. 흔히 자석이라고 하면 아이들이 가지고 노는 막대자석이나 말굽자석, 혹은 냉장고에 붙어 있는 자석 등을 떠올릴 테지만, 우리가 생활하는 주변에는 생각보다 많은 자석이 존재한다. 아침에 일어나서 비몽사몽간에도 냉장고 문을 열고 또 닫을 수 있는 이유는 냉장고 문에 자석이 있기 때문이고, 세탁기로 빨래를 하고 헤어드라이어로 머리를 말릴 수 있는 이유는 회전하는 모터에 자석이 있기 때문이다. 이어폰으로 노래를 들을 수 있는 것도 자석이 있기 때문이고, 자동차나 지하철이 움직이는 것도 모터나 센서에 자석이 있기 때문이고, 컴퓨터로 작업한 데이터를 저장할 수 있는 것도 자석으로 된 메모리가 있기 때문이다. 신용카드로 돈을 지불하는 것도 카드에 자석으로 된 센서가 있기 때문이고, 가게에서 계산하지 않은 물건을 갖고 밖으로 나오면 경보음이 울리는 것도 물건에 부착된 자석에 센서가 반응하기 때문이다. 어디 그뿐인가? 우리의 일상생활에 없어서는 안되는 전기를 만들어내는 발전소에도 자석이 반드시 필요하니, 실로 자석이 없다면 세상이 돌아가지 않는다 해도 지나친 말이 아닐 것이다.

널리고 널린 게 자석인데 뭐 그리 신기할 게 있을까 싶지만, 곰곰이 생각해보면 자석은 정말 신기하다. 신기하다는 건 예상하지 못했다는 말인데, 예상하지 못했다는 건 질문하지 않았다는 뜻이다. 몇 가지 간단한 질문부터 시작해 보자. "자석의 N극과 S극은 도대체 어디에서 나올까?", "자석끼리는 왜 밀고 당기는 힘을 주는 걸까?", "철은 자석에 붙는데 알루미늄은 왜 자석에 붙지 않을까?" 쉬운 질문처럼 보이지만, 아마 쉽게 답하기는 어려울 것이다. 이런 질문이 다소 근원적이기도 하지만, 우리가 이런 질문을 제대로 해본 적이 없기 때문이다. 매일 생활하면서 자석을 보고 만지고 이용하며, 그 덕에 편리하게 생활하고 있는데도 말이다.

이제 자석의 근원을 찾아 여행을 떠나보자. 여행의 규칙은 간단하다. 질문을 던지고 그 질문에 답을 해 나가는 것이다. 답을 하다 보면 다시 질문이 생겨날 것이고, 이렇게 꼬리에 꼬리를 무는 질문은 우리가 계속 여행을 이어가게 해줄 것이다. 더 이상 질문이 이어지지 않을 때, 여행은 거기서 끝나게 될 것이다. 자, 그럼 함께 출발해 보자.

CHAPTER 1

자석의 N극과 S극은 어디서 나오는 걸까

자석은 N극과 S극이 존재하고, 그래서 서로 같은 극끼리는 밀어내고, 다른 극끼리는 끌어당긴다. 주변에 존재하는 자석에 N극과 S극이 표시되어 있지 않아도 적당히 자석을 가까이 가져가면 N극인지 S극인지 알아낼 수 있는 이유이기도 하다. 이렇듯 모든 자석에는 항상 N극과 S극이 존재한다. 그런데 그 자석의 N극과 S극은 도대체 어디서 나오는 것일까? 무엇이 N극과 S극을 결정하는 것일까?

근원을 찾고자 할 때 취할 수 있는 방법은 간단하다. 파고 파고, 또 파 들어가 보면 되는 것이다. 막대자석의 붉은색이 N극이고, 파란색이 S극이니, 붉은색과 파란색의 가운데를 잘라보자. 그럼 N극과 S극이 따로따로 분리될까? 안타깝게도 그렇지 않다. 절반으로 잘린 자석은, 다시 N극과 S극을 가지게 된다. 그렇다고 포기하지 말고, 또 반으로 나누고, 계속 해서 반으로 나눠 보자. 그렇게 자르다 보면 언젠가는 N극과 S극이 분리되지 않을까 싶지만, 안타깝게도 잘린 자석에는 계속해서 N극과 S극이 생긴다. 생물 시간에 배운 플라나리아도 아닌데, 잘라도 잘라도 자석에는 N극과 S극이 생긴다. 그렇다면 계속 자르고 자르다 보면 결국에 남는 것은 무엇일까? 아마 원자 하나가 남을 것이다. 원자 하나만 남았으니, 이것은 N극이나 S극 중 하나가 될까? 안타깝게도 그렇지 않다. 여전히 원자 하나에서도 N극과 S극은 같이 존재한다. 도대체 왜 그런 것일까?

단순한 질문이지만, 인류가 그 답을 알아낸 것은 채 100년이 되지 않는다. 질문에 대한 답을 찾아내기까지 수천 년의 시간이 걸렸다는 것이다. 그럼 인류가 정답을 찾기 위해 거쳤던 그 과정들을 한번 따라가 보자. 그러기 위해서는 인류가 자석과 함께하기 시작한 그 순간부터 출발하는 것이 좋겠다. 도대체 자석은 누가 처음으로 발견한 것일까?

자석은 맨 처음 누가 발견했을까

지금 우리가 쓰는 강한 자석은 모두 인공적으로 만들어진 자석이지만, 자연에 저절로 존재하는 자석도 있다. 그런 자석을 자철석Magnetite, Fe_3O_4이라고 하는데, 철이 자연적으로 산화되어서 만들어진 물질이다. 일설에 의하면 고대 그리스에 살고 있던 한 목동이 쇠로 만든 지팡이를 들고 양을 치다가, 어떤 바위에 지팡이가 붙는 것을 발견했다고 한다. 그 바위가 바로 자철석이었으며, 이 자철석이 유독 많이 존재하는 곳이 그리스의 마그네시아Magnesia 지역이라서 자석의 이름이 마그넷magnet이 되었다고 한다.[1] 또는 양을 치던 목동의 이름이 마그네스라서, 그의 이름을 따서 부르게 되었다고도 한다. 어느 설명이 맞든지, 양치기 목동이 쇠지팡이가 바위에 붙는 현상을 발견한 것이 인류가 처음으로 자석의 힘을 목격한 장면이라 할 수 있겠다.

인류가 자석을 본격적으로 이용하게 된 것은 바로 나침반의 발명 이후부터였다. 지구가 둥글다는 사실도 모르고 있던 시절, 배를 타고 망망대해로 나갔다가 출발한 곳으로 되돌아오기 위해서는, 배가 어디로 가고 있는지 그 방향을 정확히 알아야 했다. 사방에 보이는 것이라곤 온통 차가운 물뿐인 바다 한가운데에서 방향을 찾으려면, 아마 하늘에 떠 있는 태양과 달, 그리고 별의 위치를 확인해 보는 방법이 있었을 것이다. 인류는 이같은 천문학적 지식으로 방향을 어느 정도 알아낼 수 있었지만, 혹시 구름이 끼거나 비바람이 몰아치기라도 하는 날에는 방향을 잃고 헤매기 십상이었다. 이런 상황을 해결해 준 것이 바로 나침반이었다. 나침반은 항상 같은 방향을 가리켰기 때문에 날씨가 변덕을 부려도 먼 바다를 항해하는 데에 문제가 되지 않았다.

나침반은 중국에서 처음 등장했다고 알려져 있다. 기원전 4세기경 귀곡자鬼谷子의 문헌에, "사람들이 남쪽을 향하는

그림1 중국의 고대 자석

바늘을 이용해 자신들의 위치를 알 수 있었다"는 기록이 남아 있다. 이후 기원 1세기 후반 한나라 왕충王充의 문헌 『논형』에 "숟가락 모양의 나침반"이 등장한다. 나침반이 실제 항해에 사용된 것은 약 11~12세기, 송나라 때의 일인데, 물에 띄운 철조각이 남쪽을 가리키는 것을 이용했다고 한다.

왕충의 『논형』에 나오는 나침반의 모양은 우리가 지금 알고 있는 것과는 사뭇 다르게 생겼다. **그림1**에서 볼 수 있듯이 당시의 나침반은 숟가락 모양으로 생겼으며, 손잡이 부분의 길쭉한 쪽이 항상 남쪽을 가리켰다고 한다(그래서 지남침指南針이라고 불렀다.). 지금 보면 우스꽝스러운 모양이지만, 이런 모양을 가진 데에는 나름의 이유가 있었다. 나침반이 잘 회전하기 위해서는 바닥과 접촉을 최대한 줄여야 했으며, 균형을 잡기 위해서는 오뚝이와 같이 아래쪽을 무겁게 만들어야 했을 것이다. 그리고 자석은 가늘고 길수록 그 세기가 커지기 때문에, 균형을 잃고 쓰러지지 않을 정도로 손잡이는 길게 만들어야만 했다.*

* 4장에서 다시 설명하겠지만, 가늘고 길수록 자석의 세기가 커지는 이유를 전문 용어로 '형상이방성'이라고 한다. 지금도 막대자석은 길쭉하게 만들며, 작게 만들고 싶을 때는 길이를 줄이는 대신 길쭉한 자석을 반으로 굽혀서 만든다. 이것이 말굽자석이 탄생한 이유 중 하나이다.

이렇게 개발된 나침반은 망망대해에서도 항해를 가능하게 해주었지만, 당시 사람들이 잘 이해하지 못하는 점이 있었다. 바로 "*왜 항상 나침반의 N극은 북쪽을 가리키는가?*"라는 본질적인 질문이었다. 이 질문에 대답한 사람이 바로 윌리엄 길버트William Gilbert, 1544~1603였다. 길버트는 1600년에 내놓은 그의 저서 『자석에 대하여*DE MAGNETE*』에서 나침반의 바늘이 항상 같은 방향을 가리키는 이유는 지구 자체가 거대한 자석이기 때문이고, 북극은 S극이라서 나침반의 N극을 당기고, 남극은 N극이라서 나침반의 S극을 당기기 때문이라고 설명하였다. 이로써 나침반이 남북을 가리키는 이유는 설명이 되었지만, "*그렇다면 지구는 왜 자석이 되는 걸까?*"라는 새로운 질문이 뒤이어 생겨나는 것은 어쩔 수 없었다. 사실 지구 자기장의 근원에 대한 연구는 여전히 현재 진행형이며, 최근에도 지구의 특정 지점에서 자기장이 바뀌고 있다는 연구 보고를 뉴스를 통해 심심치 않게 접할 수 있다.

길버트 이후 자석에 대한 연구는 '더 강한 자석 만들기'와 '더 정교한 나침반 만들기'가 주를 이루게 된다. 그런데 윌리엄 길버트가 『자석에 대하여』에서 주장한 내용이 하나 더 있는데, '전기'와 '자기'는 서로 구분되는 다른 현상이라는 것이었다. 당시까지도 사람들은 전기와 자기를 그저 '신비로운 힘' 정도로만 알고 있었으며, 이를 구분해서 이해하지도 못하였다. 그래서 막연하게 '마구 문지른 헝겊이 머리카락을 끌어당기는 현상'과 '자석이 나침반을 움직이는 현상'이 비슷한 원인에 의해서 발생한다고 생각하고 있었다. 윌리엄 길버트는 이런 모호한 개념을 정리하여, 우리가 '전기'라고 부르는 현상과 '자기'라고 부르는 현상이 서로 무관한 다른 현상임을 주장하였다. 전기와 자기가 다르다는 길버트의 주장은 현대를 살아가는 우리도 고개를 끄덕일 만큼 그럴듯하게 들리지만, 엄밀히 보자면 틀린 주장이었다. 왜 그럴까? 이것이 왜 틀린 주장인지 알아보기 위해선 '전기'라는 현상도 좀 더 이해해야 한다.

전기는 누가 발견했을까

물이 생명체의 시작과 관련 있고, 불이 인류 문명의 시작과 관련 있다면, 전기는 현대 문명의 시작과 밀접한 관련이 있다. 현대를 살아가는 우리는 전기가 없는 세상을 상상하기 어렵다. 생각해보자. 전기가 사라진다면 세상이 어떻게 바뀔까? 컴퓨터, 핸드폰, TV가 작동을 멈추고 냉장고의 음식은 썩

어갈 것이다. 그뿐인가? 물을 끌어오는 펌프도 작동을 멈출 테니, 빨래를 하거나 물을 쓰려면 집 앞에 우물을 파든지 시냇가로 나가야 한다. 우리는 너무나 당연한 듯 매일매일 전기를 사용하지만, 전기는 우리가 의식하지 못하는 사이에 일상생활을 편리하고 풍요롭게 해주고 있다. 인류는 이런 전기를 어떻게 발견하고 만들어낸 것일까?

대부분의 이야기가 그렇듯이, 전기의 기원도 고대 그리스로 거슬러 올라간다. 호박琥珀, amber이라는 보석이 있는데, 이 호박은 수십만 년 동안 송진 가루가 딱딱하게 굳어진 것이

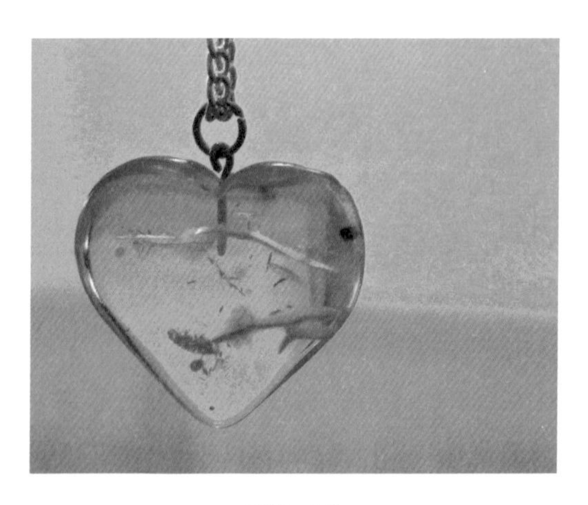

그림2 호박

기에, 그 안에는 모기나 벌레 등이 들어 있는 경우도 있다(영화 〈쥬라기 공원〉에서는, 호박 속 모기의 피에서 공룡 DNA를 추출해 공룡을 복원하는 장면이 나온다.). 이 호박은 그 빛깔이 예쁘기 때문에 헝겊으로 잘 닦으면 반짝반짝 빛이 나서 보석으로 사용된다. 기원전 6세기경 그리스의 철학자 탈레스Thales가 호박을 헝겊으로 문지르던 중 머리카락이 달라붙는 것을 발견했다는 기록이 남아 있다. 이때가 바로 인류가 처음으로 전기를 인식한 순간이다. 호박을 고대 그리스어로는 엘렉트론 ήλεκτρον, electron이라고 하며, 여기에서 비롯되어 영어로 전기를 electricity라고 부르게 되었다는 설이 있다.

탈레스의 발견 이후 2,500년 이상이 지났지만, 인류가 전기를 제대로 이해하고 사용하기 시작한 것은 사실 200년도 채 되지 않는다.* 전기를 제대로 사용할 수 없었던 가장 근본적인 원인은, 전기를 저장할 수 없었기 때문이다. 1700년대까지도 인류가 전기를 만들어내는 방법은 기껏해야 헝겊을 문질러서 마찰 전기를 발생시키는 것이었으니, 순간적으로 발생하는 스파크를 보는 정도가 할 수 있는 전부였다. 저장할

* 1879년에 에디슨이 전구를 발명하였고, 1887년 경복궁 후원 안뜰에 전등이 점화되면서 국내에서 처음 전기가 사용된 것이니, 불과 150년 전만 해도 호롱불을 켜고 생활했던 것이다.

수 없었기 때문에 전기 사용이 어려웠을 뿐 아니라, 전기의 원리를 연구하는 것도 불가능했다. 그러던 중 전기를 저장하고자 시도하는 이들이 등장했는데, 바로 독일의 과학자 클라이스트Ewald Georg von Kleist, 1700~1748와 네덜란드의 과학자 뮈센브루크Pieter van Musschenbroek, 1692~1761였다. 이들의 아이디어는 아주 간단했다. "*물을 병에 담듯이, 전기도 병에 담아보자!*" 이들은 **그림3**과 같은 실험을 했다. 동그랗게 만든 구를 회전시키면 거기에서 마찰 전기가 발생할 것이고, 이렇게 발생한 전기를 쇠사슬을 통해 전달해서 물이 담긴 병에 담아보고자 한 것이다. 실험은 대성공이었으며, 물에 담긴 쇠사슬

그림3 뮈센브루크의 연구실에서 행해진 라이덴병 실험

에 손을 가져간 순간, 기대 이상의 '찌릿'함을 느꼈다고 한다[혹시라도 독자 여러분은 절대 이 실험을 따라하지 마시라. 이때 모이는 전기량은 생각보다 커서, 어쩌면 이승에서 다시는 찌릿함을 느낄 수 없게 될지도 모른다!]. 이로써 병 속에 전기를 모으는 일이 가능해졌고, 이후 병 내부에 물이 아닌 금속을 넣어도 같은 현상이 일어나는 것을 확인하였다. 이렇게 전기를 모으는 병을 라이덴병Leyden jar이라고 하며, 이것이 인류 최초의 축전기다(축전기는 전기를 모으는 장치로, 우리가 흔히 콘덴서 또는 커패시터라고 부르는 것이다.).

유럽에서 발명된 라이덴병은 곧 미국으로 전해졌다. 라이덴병에 가장 큰 흥미를 보인 사람은 양초 제조인의 아들로 태어나 미국 독립운동에 크게 기여했던 벤자민 프랭클린Benjamin Franklin, 1706~1790이다.* 프랭클린은 "*번개는 전기인가?*"라는 궁금증을 가졌다. 벼락이 칠 때 보면 스파크가 튀는 것 같으니 전기인 듯한데, 그 사실을 어떻게 증명하느냐가 문제였다. 그래서 프랭클린은 번개를 지상으로 끌어내려 라이덴병에 저장해 보고자 하였다. 이를 위해 날카로운 금속이 장

* 미국에서 현재 발행하는 지폐 중 금액이 가장 큰 100달러짜리에 그려져 있는 바로 그 인물이다.

치된 연을 비구름 속으로 날렸으며, 구름 속에서 번개가 치면 연줄을 타고 전기가 흘러내려 라이덴병에 저장되도록 하였다. 당시에는 전기가 얼마나 강하고 위험한지 제대로 알지 못했기에 이런 실험을 하였지만, 함부로 이런 실험을 시도하면 절대로 안된다. 어쨌든 프랭클린의 실험은 성공을 거두었고, 이로써 번개도 전기적인 현상임이 밝혀졌다.

프랭클린은 연을 날림으로써 번개에 있는 전기를 모으는 데에 성공하였고, 이로 인해 발견된 새로운 현상이 있었다. 그것은 바로 '번개는 뾰족한 곳에 잘 모인다'는 것이다. 이를 이용하여 프랭클린이 발명한 것이 바로 피뢰침이며, 지금도 건물의 꼭대기마다 볼 수 있는 뾰족한 바늘 같은 모양의 피뢰침들은 바로 프랭클린의 발명품이다.

1700년대의 전기 이야기를 하는 김에, 두 가지 정도만 더 덧붙여 보자. 이탈리아에 루이지 갈바니Luigi Galvani, 1737~1798라는 과학자가 있었다. 1780년의 어느 날, 갈바니는 죽은 개구리를 해부하고 있었는데, 수술칼을 대자 개구리 다리가 갑자기 움찔하는 현상을 목격하게 된다. 깜짝 놀란 갈바니는 곧 여러 가지 확인 실험을 해보았고, 이를 바탕으로 '동물 전기'를 주장하게 된다. 즉 전기뱀장어처럼 개구리가 전기를 만들어낸다는 것이다. 물론 이 설명은 틀린 것이었지만,* 갈바니의 실험은 생명체의 움직임도 전기적인 신호에 의해서 일어난다는 것을 처음으로 발견했다는 점에서 의미가 있다. 어쩌면 현재 우리가 심정지 환자에게 사용하는 심장 충격기의 기원이라 볼 수도 있겠다.

우리가 학교 다닐 때 과학 시간에 들어봤던 '쿨롱의 법칙'이란 것이 있다. 쿨롱의 법칙은 전기력을 설명하는 법칙인데, 떨어져 있는 두 전하 Q_1과 Q_2 사이에 존재하는 힘은 Q_1과 Q_2의 곱에 비례하며 둘 사이 거리의 제곱에 반비례한다는 법칙이다(굳이 식으로 다시 써보자면 $F = k_e \frac{Q_1 Q_2}{r^2}$이다.). 학창 시절 우리를 괴롭혔던(?) 쿨롱도 바로 이 시대의 사람이다. 그런데 가만히 생각해 보면 참 신기하다. 1700년대에는 전기가 어디서 나오는지도 모르고, 기껏해야 마찰 전기밖에 만들 수 없었는데도, 어떻게 저런 법칙을 만들어낼 수 있었을까?

쿨롱의 아이디어는 이러했다.

> 두 개의 동일한 구를 준비해서 실에 매단다 → 그리고 한쪽을 헝겊으로 문지른다(그럼 한쪽만 전기가 생길 것이고, 이것을 Q라고 하자.) → 그 후 두 개의 구를 접촉시킨다(그러면 전

* 사실은 수술칼에 모여 있던 마찰 전기가 흘러 근육을 움직였다.

기는 두 개의 구에 동일하게 퍼져서 각각은 Q/2가 될 것이다) → 두 개의 구는 서로 밀어낼 것이고 이때의 힘을 측정한다 → 그 후 한 개의 구를 추가해서 다시 접촉시킨다(그럼 이번에는 각각의 구에 Q/3의 전기가 모인다) → 힘을 측정한다 → 하나의 구를 또 추가한다(그럼 이번에는 Q/4의 전기가 모인다) → 다시 힘을 측정한다 → …

이런 식으로 반복해서 측정하면 쿨롱의 법칙을 얻을 수 있게 된다. 그런데 기록에 의하면 쿨롱은 자기력도 측정하고자 했다. 자석도 서로 힘을 주니까. 그런데 자기력의 측정은 만만치 않았다.[2] 왜일까? 전기도 양(+)과 음(-)이 있고 자석도 N극과 S극이 있어서 서로 밀어내거나 당기거나 하는데, 왜 자기력의 법칙은 세우지 못했던 것일까? 그 이유는 바로 전기와 자기 사이에 결정적인 차이가 있기 때문이었다. 전기는 (+)와 (-)를 따로 떼어내서 모을 수 있지만, 자기는 N극과 S극을 따로 분리해서 모을 수 없다. 자석은 N극과 S극이 항상 같이 존재하고, 그래서 N극만 따로 모아서 서로 밀어내도록 하는 게 불가능하고, 그래서 쿨롱의 실험에는 적합하지 않았던 것이다. 이런 사실은 길버트의 주장을 더욱 공고히 했다. 즉 전기와 자기가 본질적으로 다르다는 것이 상식으로 받아들여지게 되었다.

그러나 19세기에 들어서면서 상황은 반전되기 시작했다. 전기와 자기에 관한 몇 가지 새로운 발견이 등장하였는데, 이는 길버트의 주장을 정면으로 반박하는 발견들이었다. 즉 이들은 전기와 자기가 상관없는 것이 아니라는 사실을 말해주고 있었다. 도대체 무슨 발견들이 있었던 것일까?

전기와 자기는 서로 관계가 있을까

흔히 혁명의 시대라고 불리는 18세기 말~19세기 초, 과학계에서도 전기와 자기에 관한 혁명적인 발견들이 속속 등장하게 된다. 앞서 설명한 대로 18세기 말까지 인류가 만들어 낼 수 있는 전기는 마찰 전기가 전부였으며, 이러한 마찰 전기를 라이덴병에 보관할 수 있다 해도, 손을 대서 한번 '찌릿' 하고 흘려버리면 더는 쓸 수 없는 그런 상황이었다. 그러던 중 1800년에 이탈리아의 과학자 알레산드로 볼타Alessandro Volta, 1745~1827에 의해 드디어 전지(배터리)가 발명된다. 볼타 전지는 **그림4**와 같이 생겼는데, 구리판과 아연판을 번갈아 가며 쌓되, 그 사이에 묽은 황산을 묻힌 헝겊을 넣는다. 이렇게 만들고 나면 양쪽에서 '천천히 그러나 지속적으로' 전기가 발생하게 된다. 볼타의 실험은 지금도 학교에서 재미있는 실험의 하나로 널리 행해지는데, 오렌지나 레몬에 구리판과 아연판을 꽂고 전구를 연결하면 전구에 불이 들어오는 실험이 바로 그것이다. 실험 장면은 유튜브에서도 쉽게 찾을 수 있으니, 한번 찾아서 동영상으로 확인해 보는 것도 좋겠다.

볼타 전지가 작동하는 원리는 금속의 이온화 때문인데,

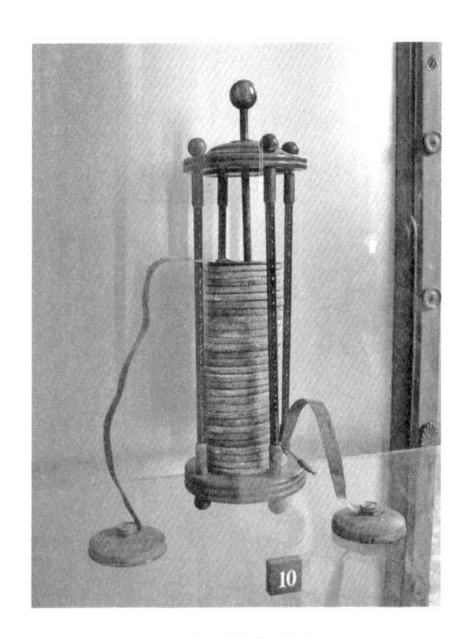

그림4 볼타 전지

이온화란 원자가 전자electron를 내어놓는 것을 말한다. 볼타 전지에서는 아연이 황산에 녹으면서 이온이 되고, 이때 내놓는 전자가 구리판쪽으로 이동하게 된다. 구리판쪽으로 이동한 전자는 황산에 있는 수소 이온과 결합하고, 그 결과 구리판 근처에서는 수소 기체가 뽀글뽀글 올라오게 된다. 이렇게 아연 원자 속에 있는 전자를 끄집어내서 흘린 것이 바로 볼타 전지이다. 이때 발생하는 전압은 대략 1V(볼트) 정도가 되는데, 아주 크지는 않아도 전기가 천천히 지속적으로 나온다는 것 자체가 가히 혁명적이었다. 드디어 인류가 지속적으로 흐르는 전기를 만들어낼 수 있게 된 것이다. 이것이 바로 지금 우리가 쓰는 핸드폰 배터리의 효시이며, 이 공로로 인해 이후 전압 단위에 볼타의 이름이 붙게 되었다.*

그런데 곰곰이 생각해보면 볼타가 전지를 만들었던 때는 원자 속에 전자가 있다는 사실도, 전자가 흐르는 것이 전류라는 사실도 모르던 시절이었다. 그러니 볼타의 발명은 원리를 알고 만든 것이 아니라, 무수한 실패를 겪으면서 갖은 노력으로 만들어낸 발명품이라고 하는 것이 맞겠다. 볼타의

* 우리가 220V, 110V라고 할 때의 단위인 볼트가 바로 이 볼타의 이름에서 따온 것이다.

발명으로 인해 드디어 인류는 천천히 지속적으로 나오는 전기를 사용할 수 있게 되었고, 이를 이용해서 여러 가지 실험도 이루어지게 된다.

그러던 중 1820년 4월 21일, 덴마크의 물리학자 한스 크리스티안 외르스테드Hans Christian Oersted, 1777~1851는 놀라운 발견을 하게 된다. 외르스테드는 코펜하겐 대학에서 볼타 전지를 이용해 도선에 전류를 흘리는 실험을 하고 있었는데, 이상하게도 전선 주변에 있던 나침반의 바늘이 움직이는 것이었다(**그림5**). "*전류를 흘렸는데 도대체 왜 나침반이 움직이는가?*" 너무나 신기했던 외르스테드는 계속해서 확인 실험을

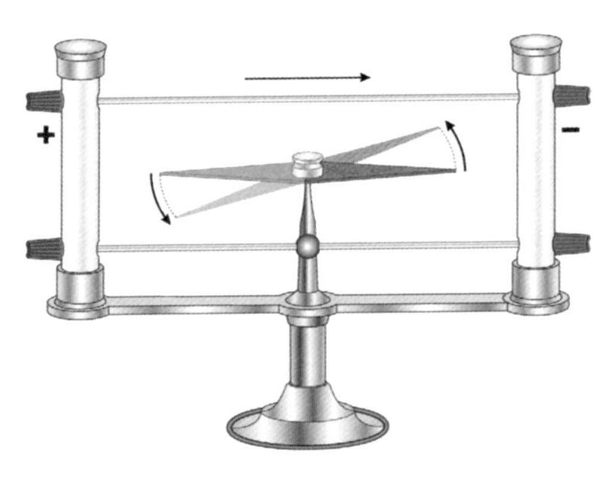

그림5 외르스테드의 실험

했다. 그리고 더욱 놀라운 사실을 발견했다. 나침반은 전류에 평행한 방향이 아니라 수직한 방향으로 정렬하고 있었던 것이다. "*도대체 세상에 어떤 힘이 수직으로 작용한단 말인가?*"

외르스테드의 실험은 두 가지 사실을 말하고 있었다. 첫째, 길버트의 주장은 틀렸다. 즉 전기와 자기는 서로 상관없는 현상이 아니라 전기가 자기를 만들어낸다. 둘째, 전기와 자기가 흐르는 방향은 희한하게도 서로에 대해서 수직한 방향이다. 외르스테드의 이러한 발견은 과학계에 즉각적인 반향을 일으켰다. 그때까지 전혀 무관하다고만 생각했던 전기와 자기가 서로 얽혀 있다는 사실을 최초로 밝혔기 때문이다. 즉 자철석이라는 돌을 가공하지 않더라도, 단지 도선에 전류를 흘리는 것만으로도 자석을 만들 수 있다는 사실을 깨닫게 된 것이다. 바로 우리가 학교에서 배웠던 '솔레노이드' 혹은 '전자석'의 기원이 되겠다. 이러한 공로로 이후 자기장의 단위(Oe, 에르스텟)에 외르스테드의 이름이 들어가게 되었다.

외르스테드의 발견은 또 다른 혁명적 발견으로 이어지는데, 그 주인공은 바로 영국의 과학자 마이클 패러데이 Michael Faraday, 1791~1867였다. 패러데이는 정식 교육을 거의 받지 못했지만, 실험에는 누구보다 탁월하고 천재적이었다. 패러데이의 착상은 간단했다. "*전기가 자기를 만들어낸다면,*

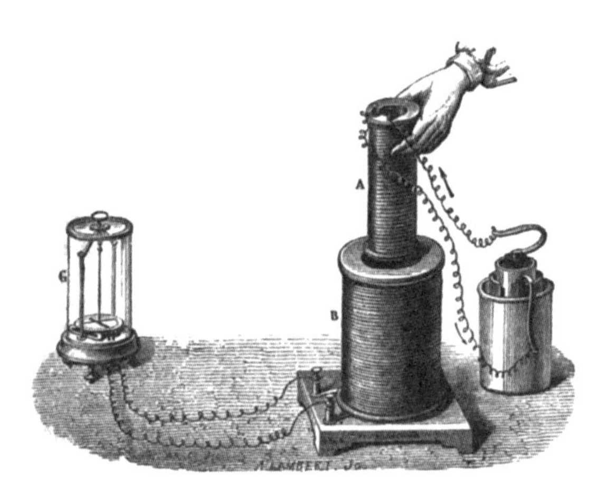

그림6 패러데이의 실험

자기도 전기를 만들어낼 것이다!" 패러데이는 이러한 생각을 바탕으로 실험에 착수했고, 도선 주위에서 자석을 움직이자 도선에 전류가 발생하는 것을 발견하였다(**그림6**). 이것이 바로 전자기 유도 현상이고, 지금도 발전소에서는 이 방식으로 전기를 만들어 낸다.*

* 수력, 화력, 풍력 어떤 발전소든 자석이 달린 거대한 터빈을 돌리는데, 그렇게 하면 패러데이 전자기 유도 현상에 의해 전기가 만들어진다.

패러데이의 발견에 얽힌 재미난 일화[3]가 있다. 패러데이의 전자기 유도 발견 소식을 듣고 관료들이 찾아왔다고 한다. 그들은 **그림6**과 같이 도선을 몇 가닥 감아서 자석을 움직이고 있는 패러데이의 모습을 보게 되었으리라. 관료들의 눈에는 신기해 보이긴 해도 별로 탐탁치 않았던 모양이다. 그래서 "*이걸 어디에다 씁니까? 이게 돈이 됩니까?*"라고 물었다고 한다. 한창 증기기관으로 돈을 벌고 있던 그들의 눈에는 이 발견이 하찮게 보였나 보다. 이 질문을 들은 패러데이는 차분하게 "*지금은 잘 모르겠지만, 훗날 당신들은 여기에 세금을 매길 수 있을 겁니다*"라고 대답한 후, "*갓 태어난 아기가 뭘 할 수 있겠습니까? 안 그래요?*"라고 퉁명하게 물었다고 한다.

그때 그 관료들은 비록 몰라봤지만, 패러데이의 발견은 인류의 삶을 통째로 바꿔 놓을 만큼 혁명적이었다. 이전에 볼타가 전지를 발견했지만, 그 전압이 너무 작아서 실용적이지 못했다. 그러나 패러데이가 발견한 방법으로 어마어마하게 큰 전기를 만들어낼 수 있게 되었고, 드디어 실용적으로 전기를 사용하는 시대에 접어들었다. 거리에 가로등이 켜지고, 전차가 돌아다닐 수 있는 그런 토대를 마련한 것이다. 패러데이의 공로를 기억하기 위해 축전기의 단위(F, 패럿)에 패러데이의 이름을 쓰지만, 사실 이 정도로는 그 업적을 기리기에 부족하다는 생각도 든다. 전기라는 것이 우리 생활에 얼마나 큰 영향을 끼쳤는지 생각한다면 말이다.

결국 외르스테드와 패러데이의 발견으로 전기와 자기는 서로가 서로를 만들어낸다는 사실이 명확해졌다. 전기와 자기는 상관없다는 길버트의 주장이 약 250년 만에 틀렸다고 판명된 것이다. 여기까지 읽은 독자는, 어쩌면 상황이 점점 더 복잡해지고 있다는 생각이 들지도 모르겠다. 처음에는 자석을 이해하고자 출발했는데, 자석을 이해하기 위해서는 전기도 이해해야만 하는 상황이 되어 버렸으니까.

전기와 자기는 어떻게 얽혀 있을까

상황이 복잡해졌다고 포기할 수는 없다. 아직 우리는 자석의 N극과 S극이 어디에서 나오는지 그 근원을 이해하지도 못했으니까. 일반적으로 상황이 복잡해지면 우리는 누군가 나서서 깔끔하게 정리해주길 바라는데, 물리학에서 그 역할은 대개 이론물리학자가 담당한다.

패러데이의 실험을 지켜본 스코틀랜드의 이론물리학자 제임스 클러크 맥스웰James Clerk Maxwell, 1831~1879은 전기와 자기가 본질적으로 얽혀 있다는 사실을 눈치챘고, 이를 깔끔하게 수학적으로 기술하기로 마음먹는다. 그리하여 그 유명한 맥스웰 방정식을 제안하게 된다. 방정식만 나오면 머리에 쥐가 날 독자들을 배려해서 그냥 건너뛰고도 싶지만, 맥스웰 방정식 정도는 교양으로 알아두어도 나쁘지 않을 것 같으니 조금 더 설명해 보기로 한다[교양으로 세익스피어의 시 한 구절 정도 외우는 일과 별반 다를 게 없다는 게 나의 생각이다!].

일단 방정식 4개를 써 보면 아래와 같이 생겼다.

$$(1)\ \nabla \cdot \boldsymbol{E} = \frac{\rho}{\varepsilon_0}$$

$$(2)\ \nabla \cdot \boldsymbol{B} = 0$$

$$(3)\ \nabla \times \boldsymbol{E} = -\frac{\partial \boldsymbol{B}}{\partial t}$$

$$(4)\ \nabla \times \boldsymbol{B} = \mu_0 \left(\boldsymbol{J} + \varepsilon_0 \frac{\partial \boldsymbol{E}}{\partial t} \right)$$

여기에서 ***E***는 전기장, ***B***는 자기장을 의미한다[아직 책을 덮지 마시라. 포기하기엔 아직 이르다.]. 물리학에는 많은 방정식이 있고, 그로 인해 많은 학생들이 고통(?)받고 있지만, 맥스웰

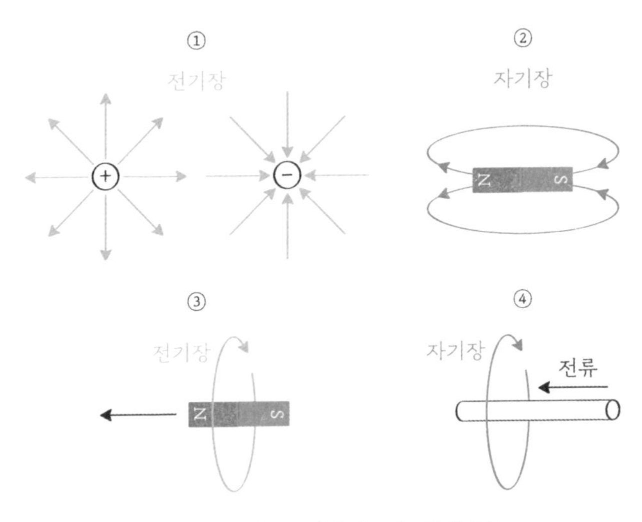

그림7 그림으로 이해하는 맥스웰 방정식

방정식은 생김새와는 다르게 아주 친절하다. 왜냐하면 앞의 식을 이해하기 쉽게 그림으로 나타낼 수 있기 때문이다. 4개의 식을 그림으로 나타내면 **그림7**과 같다.

첫 번째 그림은, 전기는 (+)와 (-)를 따로 분리하는 것이 가능하고, (+)에서는 전기장이 나오고 (-)로는 전기장이 들어간다는 의미이다(위 (1)번 식 오른쪽에 'ρ'가 바로 (+)혹은 (-)를 가진 전하를 의미한다). 두 번째 그림은, 자기장은 N극에서 나와서 S극으로 들어가지만, N극과 S극을 분리하는 것은 불가능하다는 의미이다(위 (2)번 식 오른쪽에 '0'은 그런 뜻이다. 또한 앞서 설명한 대로, 쿨롱이 자기력의 법칙을 얻지 못했던 이유이기도 하다.). 세 번째 그림은 패러데이의 발견, 즉 자석을 움직이면 전기장이 생긴다는 의미인데, 식의 오른쪽에 있는 $\frac{\partial \boldsymbol{B}}{\partial t}$는 자기장의 시간 변화, 식의 왼편에 있는 $\nabla \times \boldsymbol{E}$는 자석 주위에 생기는 전기장을 뜻한다. 네 번째 그림은 외르스테드가 발견한 전류에 의한 자기장 생성을 의미하는데, 식의 오른쪽 $\boldsymbol{J}$가 흘리는 전류를 의미하고 왼쪽 $\nabla \times \boldsymbol{B}$는 전류 주위에 생기는 자기장을 뜻한다. 결국 맥스웰 방정식이란 이미 앞서 설명한 외르스테드나 페러데이의 발견을 수학적으로 표현한 것에 지나지 않는다. 그러나 방정식을 자세히 살펴보면 맥스웰이 새롭게 만들어 넣은 항이 있는데, 바로 위의 (4)번 식 오른쪽에 추가한 $\varepsilon_0 \frac{\partial \boldsymbol{E}}{\partial t}$항이다(맥스웰이 이 항을 추가한 이유는 (3)번 식과 비슷하게 만들어주려는 것이었다. 뭔가 대칭적으로 생겨야 할 것 같으니까.).

아주 사소한 수정이었지만, (4)번 식에 추가한 이 항은 어마어마한 결과의 차이를 가져온다. 위의 식들을 연립해서 풀게 되면 흔한 파동방정식이 나온다[수식으로 더 이상의 두통을 유발할 의도는 전혀 없기 때문에, 여기에서 식은 생략하기로 한다. 궁금한 독자는 스스로 해보거나 인터넷에서 검색해 보시라.]. 이것은 무슨 의미인가? 전기장이 변하면 자기장이 생기고, 이때 변하는 자기장은 다시 전기장을 만든다. 그리고 이렇게 서로가 서로를 만들어내게 되면 이것은 파동이 된다. 맥스웰이 발견한 재미있는 사실은 바로, "*이 파동의 속력이 빛의 속력과 같다*"는 것이다. 그렇다. 맥스웰은 이 방정식으로 '빛'이란 전기와 자기가 번갈아 가면서 진동하는 전자기파라는 사실을 알아냈다.

결국 맥스웰은 전기와 자기를 통합하여 전자기학이라는 학문을 완성하였고, 더 나아가 전기가 진동하면 자기가 만들어지고 이렇게 만들어진 자기가 다시 전기를 만들고, 이것이 반복되어 퍼져나가는 것이 바로 빛이라는 사실까지 알려주었다. '전기'와 '자기', 그리고 '빛'이라는 전혀 상관없어 보이는 현상들이, 사실은 같은 근원을 가지고 있다는 점을 알려주는 것이 바로 맥스웰 방정식이다. 이쯤 되면 교양으로 외우고 있을 만도 하지 않은가?[세익스피어의 시 한 구절보다 못할 이유는 전혀 없지 않은가 말이다!]

이론물리학자인 맥스웰이 전기와 자기가 진동하면 빛이 된다는 사실을 주장하자, 실험물리학자는 발빠르게 움직인다. 맥스웰의 예측을 실험적으로 증명한 과학자가 있었으니, 바로 하인리히 루돌프 헤르츠Heinrich Rudolf Hertz, 1857~1894*이다. 헤르츠는 맥스웰의 예견에 따라 실험에 착수하였고, 실제 전기가 진동하는 회로로부터 전자기파가 나오는 것을 실험적으로 증명하였다. 즉 전기가 빛으로 바뀌어 퍼져나가고 그것을 다시 전기로 바꿀 수 있음을 입증한 것이다. 이는 빛의 속도로 정보를 전달하는 무선통신이 가능하다는 말과도 같다. 이때가 맥스웰이 요절한 지 9년이 지난 1888년이었다.

맥스웰 방정식을 통해 전기와 자기, 심지어 빛까지 같은 근원을 가진다는 것을 알아냈다. 하지만 우리는 이 정도로 만족할 수는 없다. 여전히 자석의 근원은 모호하지 않은가? 도대체 N극과 S극은 어디에서 나오는 것인지, 그 이유를 아직도 알 수가 없다. 그러니 우리는 또다시 질문을 던져야 한다. "*전기를 저장하고 만들어내고, 그것이 자기와 관련이 있고, 심지어 빛도 만들어낸다는 것을 알았다. 그런데 그 전기는 어디에서 나오는 것인가?*" 질문은 또 있다. "*맥스웰의 설명에 의하면, 흐르는 전류가 자기장을 만든다. 그런데 우리는 자석에 전류를 흘리고 있지 않은데도 자석에서는 왜 항상 자기장이 나올까?*" 인류는 전기와 자기에 대해서 많은 것을 알아냈지만, 그 근원은 아직 알지 못하고 있는 상황이었다.

인간의 궁금증은 끝이 없다. 어쩌면 그래서 과학자가 필

* 지금 우리가 주파수의 단위(Hz)로 쓰는 바로 그 헤르츠이다.

요할지도 모른다. 자, 그럼 전기와 자기의 근원을 찾아 다시 또 여행을 떠나보자.

전기와 자기를 주는 근원은 무엇인가

전기를 주는 원인은 사실 앞에서 볼타 전지를 이야기할 때 이미 설명했다. 전지를 연결하면 전자electron가 이동하고, 전자의 이동이 바로 전류라는 사실은, 21세기를 살아가고 있는 우리에게는 상식이 아니었던가? 그런데 맥스웰 방정식이 나오던 당시만 해도 원자의 구조에 대해 전혀 몰랐다. 따라서 원자에 원자핵이 있는지 전자가 있는지 도무지 알 수 있는 방법이 없었다. 그러니 흐르는 것이 (+)인지, (-)인지 모를 수밖에 없었고, 대충 (+)가 움직이는 방향을 전류의 방향으로 삼는 바람에, 전류의 방향과 실제 전자의 이동 방향이 달라져 버렸다[이것 때문에 나는 요즘도 수식을 쓸 때마다 부호가 헷갈린다!]. 그럼, 실제 전류가 (-)를 가진 전자의 움직임이라는 사실을 처음 발견한 사람은 누구일까? 놀랍게도 그 사람은 백열전구를 발명한 인물로 유명한 미국의 발명가 토머스 에디슨Thomas Alva Edison, 1847~1931이다.

잘 알려진 대로, 에디슨은 백열전구를 만들기 위해 엄청난 노력을 기울였다. 백열전구란 진공의 유리구 안에서 전기로 필라멘트를 태워서 나오는 열과 빛을 이용한다. 지금은 필라멘트를 텅스텐으로 만들지만, 처음 백열전구를 개발하던 당시에는 가능한 모든 재료를 일일이 태워봤다고 한다. 대부분의 물질들은 금방 타서 끊어져 버렸지만, 특이하게도 대나무가 엄청나게 오래 탄다는 사실을 발견하였다.* 이렇게 대나무를 이용하여 필라멘트를 만들어서 실용화를 하려던 중, 한 가지 문제가 생겼다. 대나무가 타면서 전구 안쪽의 유리벽에 그을음이 생겨 유리가 검게 변해 버리는 현상이 나타난 것이다. 이 현상은 전구의 효율을 심각하게 떨어뜨리기 때문에 어떤 식으로든 해결해야만 했다.

이때 에디슨은, "*전구 가운데에 금속판을 하나 넣고 거기에 전압을 걸고 있으면, 그을음이 와서 붙지 않을까?*"라고 생각했다. 실험 결과는 실패였다. 그런데 이 과정에서 에디슨은 한 가지 재미난 발견을 하게 된다. 금속판에다 (+)전압을 걸게 되면 금속판에 전류가 흐르게 되는 것이다. 분명 필라멘

* 대나무는 1,000시간도 넘게 빛을 내면서 타는데, 그 이유는 대나무가 일정한 세포 구조를 지니고 있어 균일하게 타들어 가서 그렇다고 한다.

트와 금속판은 떨어져 있는데도, 이상하게도 금속판에 전류가 흐르는 것을 관찰했다.[4] 더 재미있는 점은 금속판에 (-)전압을 걸게 되면 이런 현상이 사라지는 것이었다. 이 현상에 '에디슨 효과'라는 이름이 붙었는데, 정작 에디슨은 이 효과가 일어나는 원인에는 별 관심이 없었다. 소위 말하는 목표지향적인 사람이었던 에디슨에게는 새로운 현상의 원인을 밝히기보다, 유리에 생긴 그을음을 없애는 것이 우선이었다.

이 효과를 제대로 연구한 사람은 영국의 물리학자 조지프 존 톰슨Joseph John Thomson, 1856~1940이다. 물리학 교과서에 실려 있는 음극선 실험의 주인공이고, 아버지와 아들이 모두 노벨상을 받았는데, 두 사람 중 아버지에 해당한다. 톰슨은 에디슨의 발견과 비슷한 실험 장치를 고안하는데, **그림8**과 같은 진공관이 바로 그것이다. 진공관의 왼쪽에는 (-)극

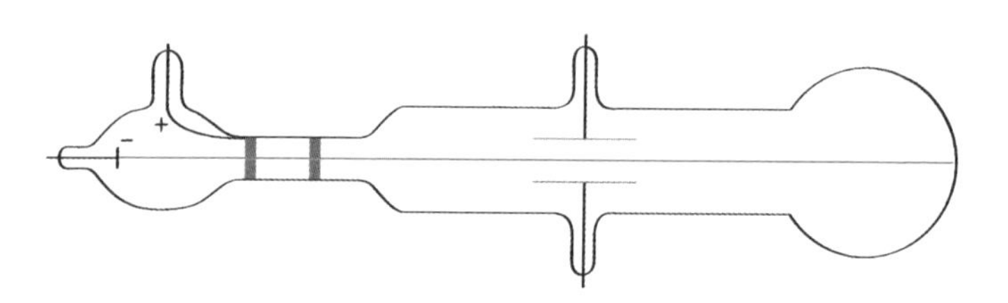

그림8 톰슨의 음극선 실험1. 진공관의 음극에서 전자가 나와서 오른쪽에 맺힌다.

을 연결하고, 약간 오른쪽에 (+)극을 연결한다. 그렇게 했더니 (-)쪽에서 무엇인가가 튀어나와서 (+)극을 지나 진공관을 통과해 오른쪽 끝에 맺히기 시작했다. 명백하게 (-)극에서 무엇인가가 나오고 있었다. 그래서 톰슨은 이것을 음극선이라 불렀다. 그런데 무엇이 나오고 있었던 것일까?

(-)를 가진 것은 맞는데, 도대체 무엇일까? 원자가 튀어나오는 것일까? 아니면 다른 무엇이 있을까? 이것이 궁금했던 톰슨은 조금 더 구체적인 실험을 한다. **그림9**와 같이 음극선이 지나가는 경로에 (+)와 (-)의 금속판을 두고 실험을 하자, 예상한 대로 음극선은 (+)쪽으로 휘기 시작했다((-)와 (+)는 서로 당기니까.). 즉 음극선을 이루고 있는 입자가 어떠한 힘을 받고 있다는 뜻이니, 그 힘의 세기를 조사하면 지나가는 입자의 질량을 알 수 있다. 조사 결과 신기하게도 입자

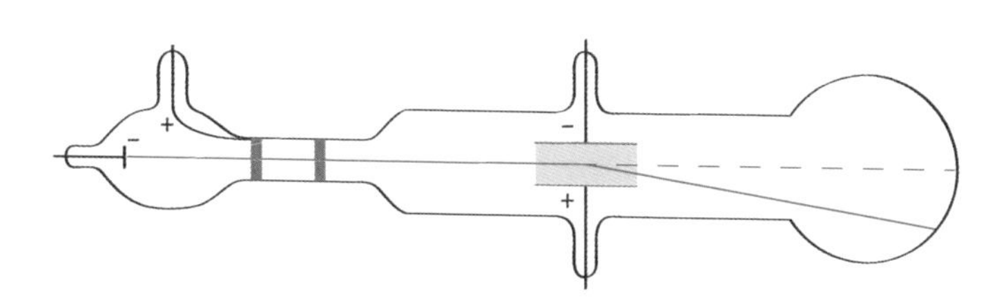

그림9 톰슨의 음극선 실험2. 음극선은 (+)금속판 쪽으로 휜다.

의 질량은 그때까지 알려진 원자의 질량보다 1/1000 정도 작게 나타났다(정확한 비율은 나중에 1/1836.15로 판명되었다.). 그 입자가 바로 전자electron이다.

이렇게 톰슨은 원자 속 전자가 나와서 흐르는 것이 전류라는 사실을 증명하게 된다. 이 발견은 톰슨에게 또 다른 궁금증을 야기시킨다. "*원자 안에는 전자가 들어 있구나. 그리고 전자는 아주 질량이 작구나. 그렇다면 원자는 어떻게 생겼을까?*"

원자는 어떤 모양일까

톰슨은 스스로 질문을 하고, 이에 대한 답으로 하나의 가설을 세운다. "*혹시 원자는 (+)를 띠는 입자가 푸딩처럼 고르게 퍼져 있고, 그곳에 전자가 건포도처럼 박혀 있는 모양을 하고 있는 게 아닐까?*" 이것이 바로 톰슨의 건포도-푸딩 모형이다(**그림10**). 톰슨의 이 질문은 큰 의미가 있는데, 그것은 바로 인류가 최초로 원자의 내부 구조에 대해 가졌던 궁금증이라는 점이다(톰슨 이전에는 기원전의 데모크리토스에서부터 19세기의 돌턴까지, 모두 '원자는 더 이상 깨지지 않는다'고 생각했다.).

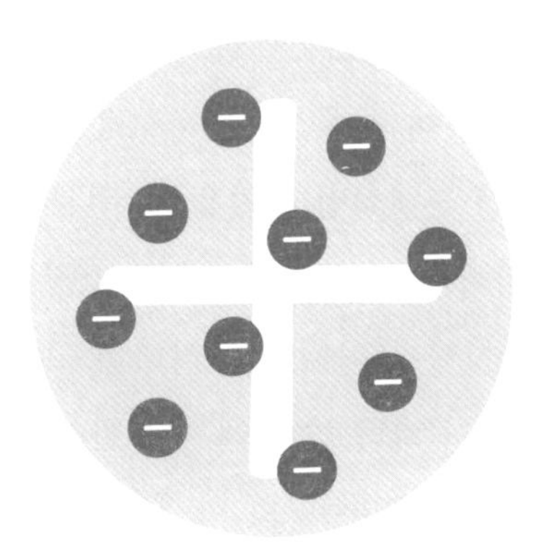

그림10 톰슨의 건포도-푸딩 원자 모형

건포도-푸딩 모형이라니 어쩌면 우스꽝스럽게 느껴질 수도 있지만, 이런 모형을 만들 때는 당대 최고의 논리적, 합리적 사고를 거친다. 생각해보라. 만일 (+)를 가진 입자가 원자 내부에 따로 존재한다면 전자들은 (+)입자에 모두 붙어버려야 한다((+)와 (-)는 서로 당기니까.). 그리고 가까이 있는 전자들끼리는 강한 반발력으로 인해 모두 튀어나와 버려야 한다((-)와 (-)는 서로 밀어내니까.). 그러므로 이런 힘을 제어하기 위해서는 원자 내부에 무엇인가 찐득한 푸딩 같은 성질(?)이 존재해야 한다고 생각할 수밖에 없었다.

톰슨의 음극선 실험은 전자의 존재를 입증하였지만, 이

를 통해 오히려 원자 구조에 대한 관심은 지극히 커지게 된다. 도대체 원자는 어떻게 생겼을까? 정말 톰슨이 말한 대로 건포도가 박힌 푸딩처럼 생겼을까? 원자 구조에 대한 힌트는, 톰슨에 이어 캐번디시 연구소의 소장이 된 뉴질랜드 태생의 영국 물리학자 어니스트 러더퍼드Ernest Rutherford, 1871~1937에 의해서 하나 더 밝혀지게 된다. 1909년에 러더포드는 연구실에 있던 두 명의 학생인 가이거Hans Wilhelm Geiger, 1882~1945와 마스덴Ernest Marsden, 1889~1970에게 얇은 백금 박막에 (+)를 띠는 알파 입자를 쪼이는 실험을 지시하였다. 알파 입자는 라돈 같은 몇몇 입자들이 방사성 붕괴를 할 때 나오는 입자인데, 전자보다는 수천 배 무거운 입자이기 때문에 '건포도가 박힌 푸딩'에서는 별로 힘을 받지 않고 통과할 것이라 예상할 수 있었다. 그런데 그의 학생들이 가져온 결과는 예상과 전혀 달랐다. 입사시킨 알파 입자를 조사한 결과 2만 개 중 한 개 정도가 반대로 되튕겨 나오는 것이었다. 러더퍼드는 이 상황을 다음과 같이 묘사했다고 한다. "*종이 조각에 포탄을 발사했는데 포탄이 되튕겨져 나왔다.*" 러더포드는 이 상황을 설명하기 위해서 깊이 생각하고 결론을 내렸다. "*(+)를 띠는 무거운 알파 입자가 반대로 되튕겨져 나올 수 있는 유일한 방법은, 원자의 모든 (+)전하가 아주 작은 한*

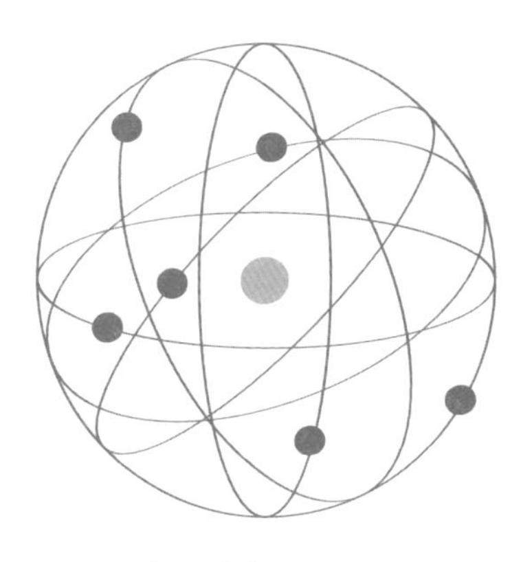

그림11 러더포드 원자 모형

점에 모여 있고, 알파 입자가 여기에 부딪힐 때만 가능하다."
이러한 생각을 바탕으로 러더포드는 새로운 원자 모형을 제시하게 된다.[5]

그림11은 러더포드가 제안한 원자 모형인데, 원자핵은 가운데 아주 작은 부분에 모여 있고, 전자들이 주변에 있다. 이러한 러더포드의 원자 모형은 즉시 큰 반발에 부딪히게 된다. 상식적으로 말이 안된다는 것이었다. 왜 말이 안 될까? [물론 말이야 되지만, 과학자에게 말이 안 된다는 건 논리에 맞지 않다는 뜻이다.]

러더포드의 원자를 보면, (+)를 가진 원자핵이 가운데에 있다. 그리고 그 주변에 (-)를 가진 전자들이 있다. (+)와 (-)는 서로 당기므로 전자는 원자핵 쪽으로 끌려가서 원자는 붕괴해 버려야 한다. 이 문제를 해결하기 위해서 러더포드는 "*전자가 돌고 있다*"는 개념을 제시했다. 전자가 원자핵 주위를 회전하기 시작하면 원심력을 받게 되고, 그렇게 되면 원자핵이 끌어당기는 힘과 평형을 이룰 수 있게 된다. 마치 실에 돌을 매달아 당기면서 돌리는 것과 같은 상황이다. 그럴듯하긴 했지만, 이 원자 모형 역시 문제가 있었다. "*그래? 돌팔매를 돌리듯 전자가 회전하고 있는 것이 원자라면, 툭 치기만 해도 금방 평형이 깨져버리지 않나? 그런데 어떻게 원자는 안정적으로 존재할 수 있는가?*" 문제는 그것 말고도 또 있었다. 맥스웰의 방정식은 전기가 움직이면 자기가 생기고, 그러면 거기에서 빛이 나온다고 우리에게 이야기해준다. 전자가 돌고 있다면 빛이 나와야 하고, 그러면 전자는 점차 에너지를 잃어버리니까 속도가 줄어들어 원자핵 쪽으로 끌려들어가야 한다.

정말로 난감한 상황이었다. 톰슨과 러더포드의 실험 결과는 분명히 원자 가운데에 (+)를 가진 아주 작은 원자핵의 존재가 있고, (-)를 가진 전자도 존재한다는 것을 말하고 있는데, 그것이 생긴 모양을 설명할 수가 없었다.

이러한 원자의 구조에 대한 궁금증은 결국 새로운 학문을 탄생시키고야 말았다. 기존의 이론으로는 도저히 원자 구조를 설명할 수가 없으니 새로운 이론이 나오는 것은 어찌 보면 당연한 결과였을지도 모른다. 그러나 새로 등장한 이론은 받아들이기에 쉽지 않은 그런 종류였다.

원자를 어떻게 설명해야 할까

새롭게 탄생한 학문을 혹자는 '젊은이의 학문'이라고 불렀다. 혜성 같이 등장한 젊은 과학자들에 의해서 새로운 학문이 완성되었기 때문이다. 아마도 기존의 학자들은 고정관념에 너무나 크게 사로잡혀 새로운 학문을 받아들이기 쉽지 않았던 데 반해, 젊은 학자들은 상대적으로 새로운 개념을 받아들이기 쉬웠기 때문이리라.

1913년의 어느 날, 채 서른이 되지 않은 덴마크의 젊은 물리학자 닐스 보어Niels Bohr, 1885~1962는 러더포드의 원자 모형을 주의 깊게 살펴본 후 이렇게 주장한다. "*전자는 원자핵 주위를 그냥 막 도는 것이 아니라, 특정 궤도에서만 돌고 있으며, 궤도와 궤도 사이에는 전자가 존재할 수 없다. 그리*

고 이러한 궤도에서는 전자가 에너지를 잃지 않고 안정하게 존재할 수 있다." 이것을 다른 말로 바꾸면, "전자는 연속적이지 않고 띄엄띄엄 양자화되어 있는 궤도를 돈다"라는 것이다.[6] 바로 '양자역학'이 등장하는 순간이다(세상은 우리가 느끼는 것처럼 그렇게 연속적이지 않고, 불연속적이라고 양자역학은 주장한다.).

가만히 생각해보면 중력이 작용하는 태양계에서도 각 행성은 띄엄띄엄 궤도를 돌고 있으니 일견 그럴듯해 보이기도 한다. 그런데 보어와 같이 주장하기 위해서는 맥스웰의 전자기학과 한판 대결을 펼쳐야 한다. 왜냐하면 맥스웰의 전자기학은 아주 분명하게 "*전자가 회전할 때 빛을 방출하고 에너지를 잃으면서 원자핵 쪽으로 끌려들어간다*"고 예측하고 있었기 때문이다. 그러니 전자가 에너지를 잃지 않고 안정하게 돌 수 있는 이유를 어떻게든 설명해야 했다. 주장을 내놓기는 했지만 왜 그런지 설명하지 못해 당황하던 보어를 이번에는 프랑스의 젊은 물리학자 루이 드브로이Louis de Broglie, 1892~1987가 도와준다. 드브로이의 주장은 한층 더 충격적이었다. "모든 *입자는 알갱이인 동시에 파동이다. 그러므로 원자핵 주위를 도는 전자 역시 파동이다.*" 양자역학은 갈수록 점점 파격적으로 변해간다. 황당한 주장일 수도 있으나, 이

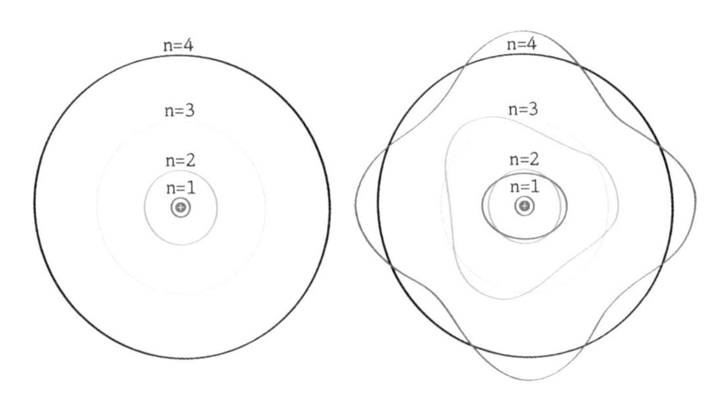

그림12 보어의 원자 모형(좌)과 드브로이의 원자 모형(우)

주장이 사실이라면 드브로이는 어쨌든 보어의 주장을 뒷받침할 수 있다. **그림12**에서 보는 것처럼 전자가 파동이라면, 안정적으로 존재할 수 있는 파동은 한 바퀴를 돌았을 때 정확히 출발점으로 돌아오는 정상파standing wave일 때뿐이다. 즉 보어가 얘기한 안정한 특정 궤도는, 원 궤도의 길이가 전자 파장의 정수배가 되어서 정상파가 되는 궤도라는 이야기다. 정상파라는 것은 파장의 1배, 2배 등에서 생기며, 1.1배, 1.2배 등에서는 생기지 않는다. 따라서 띄엄띄엄 양자화된 궤도를 설명할 수 있게 되는 것이다.

드브로이의 설명은 멋있었지만, 그 설명이 맞다는 걸

증명하려면 '*전자가 정말로 파동인지*' 또 증명해야 했다. 전자가 파동이라는 사실을 실험적으로 증명한 사람은 미국의 물리학자 데이비슨Clinton Davisson, 1881~1958과 거머Lester Germer, 1896~1971, 그리고 바로 앞서 전자를 발견한 조지프 존 톰슨의 아들, 조지 패짓 톰슨George Paget Thomson, 1892~1975이었다. 아버지 톰슨이 '전자는 알갱이'라는 사실을 발견했다면, 아들 톰슨은 '전자는 파동이기도 하다'는 사실을 발견한 것이다. 그런데 이들은 전자가 파동이라는 사실을 어떻게 발견한 것일까?

알갱이와 파동의 차이는 충돌했을 때 명확히 드러난다. 알갱이는 서로 충돌하면 되튕겨 나가지만, 파동은 충돌하면 중첩된다. 생각해보자. 당구공이 부딪히면 서로 튕겨나가지만, 물결이 부딪히면 합쳐진 후에 그대로 서로를 통과해 나간다. 이렇게 명확한 차이를 보이기 때문에, 우리는 일상생활에서 알갱이와 파동을 완전히 다른 것으로 인식한다. 그러나 데이비슨과 거머, 그리고 아들 톰슨이 발견한 것은, '*전자는 입자처럼 부딪히기도 하지만, 파동처럼 그냥 통과하기도 한다*'는 사실이었다.

파동의 특성을 증명하는 방법은 간단하다. 두 개의 파동을 합쳐보면 된다. **그림13**에서 보듯이, 똑같은 두 개의 파동

(위상이 같다고 표현한다.)을 합치면 크기가 증폭되지만, 위상이 반대인 두 파동을 합치면 상쇄되어서 사라져 버린다. 이런 현상은 알갱이에서는 볼 수 없기 때문에 파동의 특성이라 할 수 있다.

파동의 증폭과 상쇄는 간섭과 회절이라는 현상을 일으키는데, 이런 현상을 이용하는 기기들도 많아서 생활 주변에서 쉽게 볼 수 있다. 최근에 많은 사람들이 사용하는 노이즈 캔슬링 이어폰도 파동의 간섭 현상을 이용하였다 할 수 있다(소리도 파동이니까 상쇄시킬 수 있다.). 파동의 간섭을 이용한 재미있는 기기로는 위상 배열 안테나phased array antenna를 들 수 있는데, **그림14**와 같이 여러 개의 안테나에서 파동을 발생

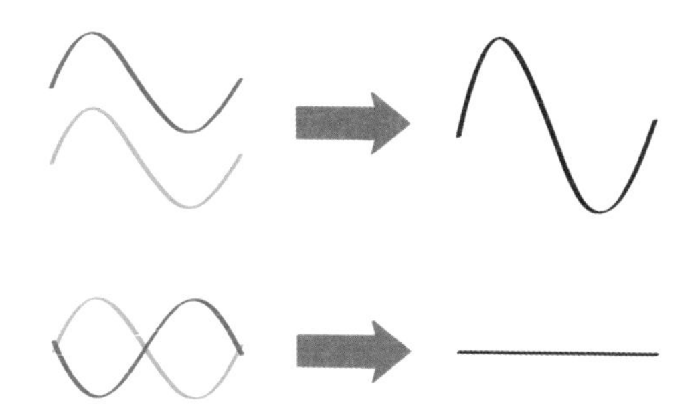

그림13 파동의 중첩. 두 파동의 위상이 같을 때에는 증폭되고, 두 파동의 위상이 반대일 때에는 상쇄되어 사라진다.

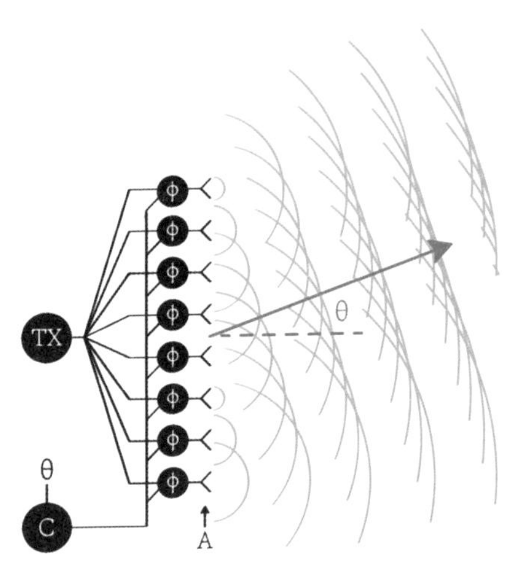

그림14 위상 배열 안테나의 원리

시키되, 약간의 시간 차이를 두는 것이다. 그렇게 되면 파동의 간섭 현상 때문에 우리가 원하는 임의의 방향으로 파동을 보낼 수 있게 된다. 즉 안테나를 돌릴 필요 없이 여러 개의 안테나에서 나오는 파동의 시간 차이를 조절해서 방향을 조절하는 것이다. 얼마 전 우리나라에서 크게 이슈가 되었던 사드(고고도 미사일 방어 체계Terminal High Altitude Area Defense)에 이런 형태의 위상 배열 안테나가 들어가 있다.[7]

지금은 그리 많이 쓰이지 않지만, 한때 우리는 CD에 데

그림15 CD의 뒷면

이터를 저장했었다. CD를 뒤집어서 불빛에 비춰보면 무지개 빛깔이 나타나곤 한다. CD의 뒷면에는 아주 가는 홈들이 파여 있는데, 빛이 반사하면서 홈 간격과 같은 특정 파장의 빛은 증폭되고 그렇지 않은 빛은 상쇄되어 버려서, 반사되는 각도에 따라 특정 파장의 빛만 보이기 때문이다. 이것이 바로 빛의 회절 현상이며, 빛이 파동이기 때문에 나오는 현상이다.

데이비슨과 거머, 그리고 톰슨은 바로 이런 회절 실험으로 전자가 파동임을 보였다. 그들은 빛이 아닌 전자를 쏘았고, 그 결과 빛과 같은 회절 현상을 발견하였다. 전자는 파동이기도 했던 것이다.

(아버지) 톰슨과 러더포드의 실험은 원자 모양에 대한 궁금증을 촉발시켰고, 그들이 발견한 전자와 원자핵은 결국 양자역학이라는 새로운 학문을 통해서야 그 모양이 겨우 설명되는 상황이 되었다. 결국 우리가 알아낸 원자의 모양은, 그 가운데에 원자핵이 있고 전자가 그 주위를 돌고 있는데, 특이하게도 전자는 입자이면서 동시에 파동이며, 전자의 궤도는 연속적이지 않고 띄엄띄엄 양자화되어 있다는 것이다. 그런데 가만히 생각해보면, 보어는 어떻게 처음에 그런 황당한 주장을 펼칠 수 있었을까? 대단한 직관력으로 세상이 연속적이지 않고 양자화되어 있다는 사실을 예측한 것일까?

보어의 가설은 어떻게 등장했을까

톰슨과 러더포드는 원자에 직접적인 충격을 가해서 전자와 원자핵을 발견했지만, 사실 이렇게 직접적인 방법 외에도 원자를 간접적으로 연구할 수 있는 방법이 있다. 바로 '스펙트럼'을 보는 것이다.[8] 스펙트럼이란, 우리가 빛을 프리즘에 통과시켰을 때 무지개색이 보이는 것처럼 물질에서 나오는 빛을 색깔별로 분석하는 것을 말한다. 일반적으로 물질을 고온

그림16 수소의 선스펙트럼. 왼쪽부터
410nm, 434nm, 486nm, 656nm의 빛이 관측된다.

으로 가열하거나 고전압을 걸면 방전이 일어나고 거기에서 특정한 빛이 나오게 된다.* 맥스웰의 전자기학에 따르면 빛이란 전자의 운동에 의해서 나오는 것이므로, 나오는 빛을 잘 조사하면 원자 속 전자의 운동을 알 수 있다. 이러한 물질 스펙트럼에 대한 연구는 19세기에 이미 어느 정도 수준에 도달해 있었다.

그런데 이해되지 않는 현상이 하나 있었다. 원자를 방전시켜 나오는 스펙트럼을 관찰해보면, 무지개처럼 연속적이지 않고 특정 색깔의 빛만 나타나는 것이다. 이런 것을 선스펙트럼이라고 하는데, 특정한 색깔의 선으로만 나타난다고 해서 붙여진 이름이다(**그림16**). 선스펙트럼은 참으로 이해하

* 이것이 형광등과 네온사인의 원리이다.

기 어려운 현상이었다. 원자 내부의 전자가 움직이면 어떤 색깔의 빛도 내보낼 수 있을 것 같은데, 특정한 색깔만 나타났기 때문이다. 이 현상을 멋지게 설명한 사람이 바로 닐스 보어였다. 보어는 원자 내부의 전자 궤도가 띄엄띄엄 있다고 가정하고, 계산을 통해 선스펙트럼에 나오는 색깔을 정확히 설명하였다.

그렇다. 보어는 나름의 확신을 가지고 "*전자의 궤도가 띄엄띄엄 양자화되어 있다*"라고 주장했던 것이다.

그렇다면 보어는 회전하는 전자의 에너지를 어떻게 계산했을까? 계산 방법은 간단하다. 공간상에서 특정 궤도를 회전하는 전자의 에너지는, 전자가 원자핵에서 얼마나 멀리 떨어져 있는지('쿨롱 에너지'), 그리고 얼마나 빨리 돌고 있는지('각운동량')를 고려하면 계산할 수 있다. 이 말이 이해하기 어렵다면, 다윗이 돌팔매를 돌리듯 줄에다 돌을 매달아 돌려보자. 줄의 길이가 바뀌거나 돌리는 속도가 바뀌면 내 팔에서 소모되는 에너지가 달라질 것이다!

보어는 이런 방법으로 선스펙트럼을 대부분 설명하였지만, 이상하게도 특정한 상황에서는 보어의 예측이 조금 어긋난다는 사실이 밝혀졌다. 그 특정한 상황이란 바로, '자석을 가져다 댔을 때'였다. *왜 자석을 가까이 가져가면 선스펙트럼*

이 예측에서 빗나가게 되는 것일까?

왜 원자의 선스펙트럼은 자석에 영향을 받을까

보어의 이론에 의하면 원자핵 주위를 도는 전자의 에너지를 정확히 계산할 수 있고, 실제 선스펙트럼의 위치는 정확히 예측한 지점에 나타났다. 그런데 이상하게도 자기장을 가하게 되면 원래의 선스펙트럼이 몇 줄기로 분리되는 현상이 관측되었다. 네덜란드의 물리학자 피터 제이만Pieter Zeeman, 1865~1943이 발견한 이 현상을 제이만 효과Zeeman effect라고 부른다. 왜 그런 것일까? 왜 자기장을 가하면 스펙트럼이 바뀌는 것일까? 스펙트럼이 바뀐다는 것은 자기장에 의해서 에너지가 바뀐다는 뜻이고, 원자 속의 전자가 자기장에 반응을 하고 있다는 의미이다. 즉 '*원자 자체가 외부 자기장에 영향을 받는 자석*'이라는 뜻이다.

제이만 효과는 **그림17**과 같은 상황을 생각해보면 의외로 간단히 이해가 된다. 외르스테드의 발견에서 우리는, '전류가 자기장을 만든다'라는 사실을 알아냈다. 그럼 전류란 무엇인

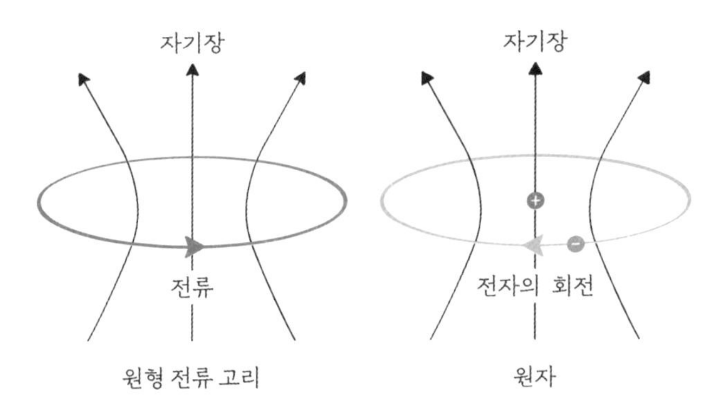

그림17 원형 전류 고리에서 발생하는 자기장과 원자에서 발생하는 자기장. 전류의 방향과 전자의 이동 방향은 반대이다.

가? 전류란 바로 전자의 흐름이 아니었던가? 원자핵 주위를 돌고 있는 전자의 운동을 작은 전류라고 생각하면, 거기에서 자기장이 나온다는 것은 그리 이상하지 않다. 그러니 원자 자체가 자석이 되고, 이러한 원자 자석이 외부 자기장과 어떻게 정렬하느냐에 따라서 에너지가 달라지는 현상도 쉽게 이해될 수 있다. 결국 원자 속에서 전자가 계속 회전하는 한, 원자 속에는 작은 전류 고리가 존재하는 셈이고, 따라서 원자는 그 자체로 자석이 된다. 따로 자석에 전류를 흘려주지 않았는데도 자기장이 나오는 근원이 바로 여기에 있다. 다시 말해, 원자 자체가 작은 전류 고리이므로 거기에는 항상 N극과 S극이 존재하게 되고, 그 방향은 전자 궤도의 회전축이 된다.

결국 제이만의 발견으로 인해 전자가 회전하는 축 방향으로 N극과 S극이 형성되고, 그래서 작은 원자 자체가 자석이 되고, 따라서 자기장에 반응한다는 사실을 알게 되었다. 이러한 사실을 깨달은 물리학자들은 서둘러 측정된 선스펙트럼을 설명하고자 시도하였다. 새로운 이론은 측정된 실험 결과를 꽤 잘 설명하였지만, 여전히 불만족스러운 부분이 남아 있었다. 전자의 회전축이 고정된 상태에서 자기장을 가하자, 그 스펙트럼이 또 다시 두 갈래로 갈라졌던 것이다(이것을 '비정상 제이만 효과'라고 한다). 이건 또 무엇인가? *원자에서 자기장에 반응하는 다른 것이 또 있다는 말인가?*

이것은 정말 어려운 문제였다. 내로라하는 물리학자들도 그 원인을 알지 못해 전전긍긍하고 있던 1925년, 아직 20대였던 세 명의 젊은 물리학자, 크로니히Ralph Kronig, 1904~1995, 울렌벡George Eugene Uhlenbeck, 1900~1988, 호우트스미트Samuel Abraham Goudsmit, 1902~1978는 다소 서툴지만 재미있는 개념으로 이를 설명하고자 하였다. 그들의 설명은 바로 '*전자가 자전하면서 공전하고 있다*'는 것이었다! 전자는 원자핵 주위를 공전할 뿐만 아니라, 스스로 자전도 하고 있다. 전자는 전기를 띠고 있으므로 자전하면 그 축 방향으로 자기장을 만들어낼 수 있고, 따라서 외부 자기장에 반응할 수 있다. 또한 전자가 자전하게 되면 이때의 회전은 시계 방향과 반시계 방향 두 가지로만 정의되므로, 스펙트럼이 두 갈래로 갈라지는 것도 설명할 수 있다. 이로써 선스펙트럼이 완전히 설명되었고, 이런 아이디어를 낸 젊은 물리학자들은 전자의 자전에 '스핀SPIN'이라는 이름을 붙였다.* 이렇게 탄생한 스핀이라는 개념은 자석의 근원을 설명하는 핵심이 되었다.

이제 우리는 자석이라는 물질의 근원을 이해할 수 있게 되었다. 자석은 결국 원자로 이루어져 있고, 직접 전류를 흘려주지 않더라도 원자에 있는 전자는 공전(궤도 운동)과 자전(스핀)을 하며 자기장을 발생시키고 있다. 따라서 자석의 N극과 S극의 방향은 전자의 공전축이나 자전축에 의해 결정된다고 할 수 있다. 이것이 바로 인류가 수천 년 만에 알아낸 '*N극과 S극이 나오는 원인*'이다(그리고 이것이 바로 원자 하나가 남을 때까지 쪼개도 여전히 N극과 S극이 존재하는 이유가 된다.).

진짜 원자는 어떤 모양일까

여기까지가 전기와 자기의 근원이 되겠다. 이제 또 다른 질문으로 넘어가야 할 텐데, 그러기 전에 원자에 대해 못다 한 두 가지 이야기를 짚어보기로 하자.

보통 교과서나 책들을 보면 보어의 원자 모형을 원자핵과 그 주위를 돌고 있는 전자로 그린다(앞에서 나도 그렇게 그렸다.). 그런데 그림으로 나타내려다 보니, 원자핵과 전자의 상대적인 크기가 제대로 표현되지 않는다. 현재 알려진 바로는 원자핵에 있는 양성자의 크기는 약 10^{-15}m이며 전자의 크기는 대략 양성자보다 1/1000 정도 작다.** 전자가 돌고 있는 궤도의 크기는 약 10^{-10}m 정도이니, 이는 원자핵 크기의 약 10만 배 정도 크기이고, 이것을 비율 그대로 설명하자면, 반지름 2cm 정도의 골프공만한 크기의 원자핵을 가운데에 두고 전자는 반지름 2km 정도의 궤도를 도는 것과 같다. 좀 더 일상적인 스케일에 빗대어 설명하자면, 서울시청에 골프공(원자핵에 해당)을 하나 두었을 때, 먼지(전자에 해당) 하나가 서울시청에서 남산타워 정도의 거리만큼 떨어져서 돌고 있는 상황과 같다. 이것은 무슨 뜻인가? 바로 원자의 내부는 대부분이 비어 있다는 말이다. 이 상황에서 좀 더 상상력

* 흔히 스핀의 두 가지 상태를 'up-스핀' 혹은 'down-스핀'이라고 하는데, 이는 시계방향, 반시계방향 회전을 의미한다고 볼 수 있다.

** 사실 전자의 크기를 정확히 정의하기는 어렵다.

을 발휘해 보자면, 만일 우리가 원자 내부에 비어 있는 공간을 없앨 수만 있다면 우리 몸도 아주 작게 만들 수 있을 것 같다. 혹은 원자 내부의 비어 있는 공간을 늘리면 우리 몸도 아주 커지게 할 수 있을 것이다. 이것이 바로 영화 〈앤트맨과 와스프〉에서 주인공의 몸집이 자유자재로 변하게 되는 과학적 배경이다(물론 정말로 그렇게 될 수는 없다.).

또 한 가지 언급해야 할 사실은, 드브로이의 원자 모형이 현대 물리학의 최신 원자 모형이 아니라는 점이다. 양자역학을 좀 더 깊이 공부하면, 더 재미있는[그러나 어려운] 것들을 배우게 되는데, 결론부터 말하자면 다음과 같다. *우리는 전자가 어디에 있는지 알 수 없고, 단지 존재할 확률만 알 수 있다.* 그래서 전자 구름이라는 표현을 쓴다. 측정하기 전에는 존재 확률만 알 수 있다는 말이다. 양자화된 궤도에, 파동에, 결국은 확률까지... 참으로 난해하고 이해하기 어렵지만 원자를 설명할 수 있는 방법은 안타깝게도 현재 이것밖에 없다. 결국 원자란 원자핵이 가운데에 있고, 그 주변을 전자가 구름처럼 확률적으로 분포하는 그런 것이다. 다시 생각해보면, 우스꽝스러워 보였던 톰슨의 건포도-푸딩 모델이 오히려 맞다는 결론에 이른다. 물론 (+)와 (-)의 역할은 바뀌었지만 말이다.

CHAPTER 2

자석은 왜 밀고 당기는 힘을 주는 걸까

자석은 오랜 시간 인류에게 아주 신비로운 물질로 여겨져 왔다. 자석이 신비로운 이유는 그것이 힘을 주기 때문이며, 그 힘을 우리 눈앞에서 목격할 수 있기 때문이다. 자석은 떨어져 있어도 서로 밀어내거나 당기는 힘이 작용하고, 가까워질수록 그 힘은 점점 더 커진다. 물론 중력도 힘을 주고, 전기력도 힘을 주지만, 눈앞에 있는 두 개의 사과가 찰싹 달라붙거나 하는 일은 없고, 전깃줄이 우리를 밀어내지도 않는다[우리의 일상적인 경험 차원에서 말이다.]. 자석을 이용해 접촉 없이 무거운 물체를 띄우거나 이동시키는 동영상을 보고 있노라면, 우리는 마법과도 같은 신비함을 느끼게 된다[유튜브에서 'magnetic levitation'을 검색해 보시라. 자석으로 개구리도 공중부양시킬 수 있다!]. 그런데 이처럼 마법과도 같은 자석의 힘은 도대체 어디서 나오는 것일까? *왜 N극과 S극은 끌어당기고, N극과 N극은 밀어내는 것일까?*

자석이 주는 힘의 원인은

1장에서 우리는 자석의 N극과 S극이 어디에서 나오는지 알 수 있었다. 원자 속에는 전자가 있고, 이러한 전자는 원자핵 주위를 돌거나 스스로 자전하면서 자기장을 발생시킨다. 그런데 이렇게 발생한 자기장이 왜 '힘'을 주는지는 여전히 모호하다. 이 힘의 원인은 무엇일까?

물리학을 공부하다 보면 전기력과 자기력이라는 것을 배운다. 이 중 전기력은 '쿨롱힘'이라고 한다. '같은 부호를 가진 전하끼리는 밀어내고, 다른 부호를 가진 전하끼리는 끌어당긴다. 그리고 이때의 힘은 거리의 제곱에 반비례한다.' 이것이 바로 쿨롱의 법칙이며, 그 형태는 만유인력과도 비슷해서 그리 큰 거부감이 들지 않는다. **그림18**에서 보는 것과 같이 (-)와 (+)는 서로 끌어당기고, (-)와 (-)는 서로 밀어내는 것이 바로 전기력이다. 그럼 자기력은 무엇일까?

우리는 흔히 N극과 N극이 밀어내거나, N극과 S극이 당

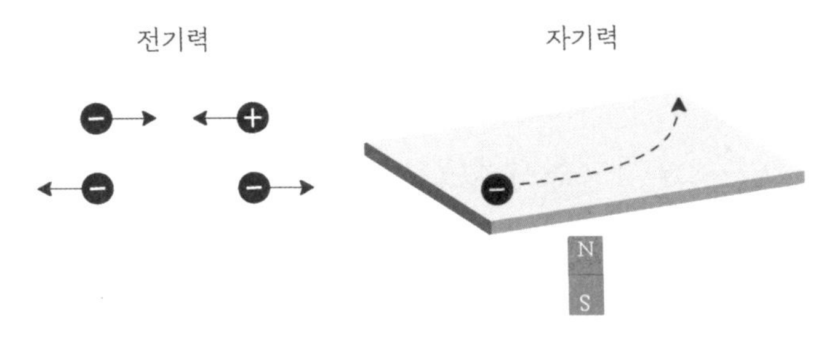

그림18 전하에 작용하는 전기력과 자기력의 방향

기는 힘이 자기력이라고 생각한다. 그런데 교과서에서 배우는 자기력은 조금 독특하다. 교과서에서는 자석과 자석 사이의 힘이 아니라 자석과 움직이는 전하 사이의 힘을 이야기한다. 조금 자세히 설명해 보자면, 전하가 이동할 때 자석으로 자기장을 가해주게 되면 전하는 옆으로 힘을 받아 휘게 되는데, 이때 힘은 $\boldsymbol{F}=q\boldsymbol{v}\times\boldsymbol{B}$라고 표현된다. 여기에서 q는 입자의 전하량, $\boldsymbol{v}$는 움직이는 입자의 속도, $\boldsymbol{B}$는 자기장이 된다. 여기에서 '×'는 물리에서 '외적'이라고 하는데, 곱해지는 두 물리량에 모두 수직 방향을 나타낸다. 즉 특이하게도 움직이는 전자에 가해지는 자기력은 입자의 속도와 자기장에 수직인 방향으로 힘을 받게 된다.

전기력과 자기력이 작용하는 상황을 **그림18**에 나타냈다. 전기장($\boldsymbol{E}$)과 자기장($\boldsymbol{B}$)이 모두 존재하는 상황에서는 전기력도 받고 자기력도 받을 것이니, 굳이 식으로 나타내면 $\boldsymbol{F}=q(\boldsymbol{E}+\boldsymbol{v}\times\boldsymbol{B})$라고 쓸 수 있고, 이것을 물리학에서는 로런츠 힘이라고 한다. 로런츠 힘이 의미하는 바는, 전기력은 서로 직선으로 밀어내거나 당기지만, 자기력은 이동 방향에 수직으로 작용하여 이동 경로가 휘게 된다는 것이다. 힘이 수직으로 작용한다니, 뭔가 이상하지 않은가?

자기력이 이상한 이유는 더 있다. 위에서 설명한 자기력 식을 보면 힘이 속도에 비례한다. 즉 빨리 움직이면 움직일수록 받는 힘이 더 커진다는 것이다. 이것이 이상하게 생각되는 이유는 우리가 지금껏 들어왔던 뉴턴의 운동법칙($F=ma$, 힘은 속도가 아닌 가속도에 비례한다)과 다르기 때문일 것이다. 그뿐 아니라, 힘이 속도에 비례하게 되면 더욱 이상한 상황이 발생할 수 있는데, 예를 들어 내가 움직이면서 입자를 보면 그 속도가 다르게 보일 것이고, 그럼 내 눈에는 힘이 다르게 보일 것이기 때문이다. 이건 너무 이상하지 않은가?

이렇듯 우리가 교과서에서 배우는 자기력이라는 것은 그 형태가 참으로 이상하다. 이런 *이상한 자기력을 도대체 어떻게 이해할 수 있을까?*

자기력을 어떻게 이해해야 할까

앞서 우리가 배웠던 전기와 자기의 근원을 곰곰이 생각해보면 전기나 자기 모두 원자 속 전자electron에서 나온다는 사실을 알 수 있다. 그리고 자기는 전자가 움직일 때 나타나는 현상이라는 사실도 알 수 있다. 전자가 도선을 타고 흘러가면 주변에 자기장을 만들고(전자석의 원리), 전자가 원자핵 주위를 공전하거나 스스로 자전하면 그 축 방향으로 자기장을 발생시킨다(자석의 원리). 그뿐 아니라, 앞서 언급한 자기력이라는 것도 전자가 움직여야만 나타나는 힘이라는 것을 알 수 있다(속도에 비례하는 힘이니까).

그런데 가만히 생각해 보면, '움직임'이란 상대적이다. 기차를 타고 역에서 출발할 때 옆에 있는 기차를 보면, 내가 탄 기차가 움직이고 있는지 옆에 있는 기차가 움직이고 있는지 구분할 수 없을 때가 있다. 어디 그뿐인가? 나는 지금 정지해 있다고 철석같이 믿고 있지만, 우리의 지구는 이 순간에도 움직이고 있으니, 다른 행성에 있는 관찰자가 보기에는[물론 관찰자가 있다면], 우리는 계속 움직이고 있는 것이다.

움직임이란 상대적인 것임을 보여주는 재미난 이야기가 있다. 내가 일본에서 공부할 때 들었던 농담인데, 고급 초밥을 먹는 방법에 대한 것이다. 일본에서 회전초밥은 서민적인 음식이며, 고급 음식점에 가면 주방장이 직접 만들어서 대접해주는 고급 초밥을 먹을 수 있다고 한다. 결국 '회전하지 않는 초밥'을 먹을 수 있느냐가 성공한 사람을 구분하는 척도가 될 수 있는데, 어떻게 하면 회전하지 않는 (고급) 초밥을 먹을 수 있을까에 대한 방법론을 두고 하는 농담이다. 아주 성실한 학생에게 물어보면 대부분, "열심히 공부해서 훌륭한 사람이 되어 사 먹겠습니다"라고 대답한다고 한다. 부잣집 학생에게 물어보면 대부분, "부모님께 사달라고 부탁드리겠습니다"라고 대답한다고 한다. 그런데 특이하게도 물리학을 공부하는 학생에게 물어보면 이렇게 대답한다고 한다. "회전하지 않는 초밥을 먹는 방법은 아주 간단합니다. 내가 초밥과 같이 회전하면서 먹으면 됩니다."

사실이 그렇다. 움직임이라는 건 기준계에 따라 달라진다. 나와 같이 정지해 있는 사람이 나를 보면 나는 정지해 있겠지만, 움직이는 사람이 나를 보면 나는 움직이고 있을 것이다. 결국 정지해 있는지 움직이고 있는지를 판별할 절대적인 기준계는 없는 것인데, 그렇다면 우리가 정지해 있든 움직이고 있든 그 본질은 같아야 한다. 다시 말해, 정지해 있을 때 나오는 '전기'와 움직일 때 나오는 '자기'는 그 본성이 같아야 한다는 뜻이다. 이것이 바로 아인슈타인이 상대성 이론에서 지적한 내용이다.

이런 관점에서 로런츠 힘은 좀 이상해 보인다. 전기력은 직선으로 작용하지만, 자기력은 수직으로 힘을 받는다. 그리고 더 재미있는 점은 로런츠 힘은 입자의 속도에 의존한다. 빨리 움직일수록 더 큰 힘을 받는다는 뜻인데, 앞서 얘기한 대로 속도란 상대적이기 때문에 언뜻 생각하면 참 이상하다. 나는 멈춰 있다고 생각하지만, 움직이는 사람이 보면 나는 움직이고 있다. 그럼 두 경우에 힘이 다르게 보일까? 예를 들어, 정지한 사람이 보았을 때 전자가 로런츠 힘을 받아서 휜다면, 내가 만약에 전자와 같은 속도로 움직이면서 전자를 본다고 가정하면, 전자의 속도는 0이 되고, 그럼 자기장에 의한 힘은 없을 것이니, 전자는 휘지 않는 것인가?

아인슈타인이 상대성이론에서 고민했던 지점이 바로 여기에 있다. 그리고 아인슈타인이 내린 결론은 "*정지해 있든 움직이고 있든 물리 법칙은 항상 일관되게 성립해야 한다*"였다. 그러기 위해서는 몇 가지 상식과 다른 상황을 받아들여야 하는데, 바로 '*빠르게 움직이면 길이가 수축하고, 시간이 천천히 가고, 질량이 늘어난다*'라는 것이다. 이것을 물리에서는 로런츠 변환이라고 하는데, 너무 깊이 들어가지 않는 선에서 그 대강을 설명해 보겠다.

그림19의 왼쪽은 도선에 전류가 왼쪽에서 오른쪽으로 흐르는 상황이다. 그럼 도선 속 (-)를 가진 전자는 오른쪽에서 왼쪽으로 이동해가고 있을 것이다. 그리고 이 도선은 외르스테드 법칙에 따라 주위에 자기장을 만들고 있다. 도선 밖에 전자가 하나 놓여 있다. 도선에 전류가 흐르긴 하지만, 도선 자체는 중성이라서 전자가 도선으로 끌려가지는 않는다. 자, 이제 전자가 오른쪽으로 움직이기 시작한다면 어떻게 될까? 앞에서 배운 자기력이 작동한다. 자기장이 걸려 있는 상황에서 전자가 움직이기 때문에 전자는 도선에서 먼 쪽으로 휘어나가게 된다.

그럼 재미있는 상상을 한번 해보자. 이번에는 내가 도선

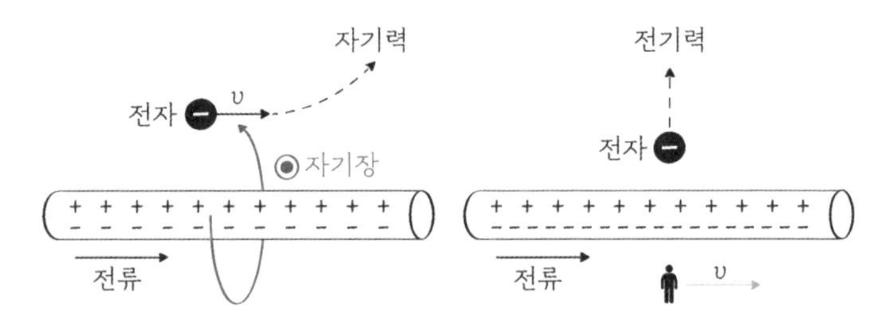

그림19 상대성 이론에 따른 로런츠 힘 설명

밖 전자와 같은 속도로 이동하면서 이 상황을 보는 것이다. 그럼 내가 보기에 전자는 움직이지 않는다. 그럼 전자는 자기력을 받지 않는다. 그런데 이때 재미난 현상이 일어난다. 나와 도선 밖 전자는 오른쪽으로 빠른 속도로 이동하고 있기 때문에, 우리(나와 전자)가 보기에 도선 속에 있는 전자들은 반대 방향으로 엄청나게 빨리 이동하는 것으로 보인다. 앞서 얘기했듯이 엄청나게 빨리 이동하면 길이가 수축하게 된다. 그렇게 되면 도선 속에는 (+)보다 (-)의 밀도가 더 높아진다. 결국 도선은 중성이 아닌 (-)로 바뀌게 되고, 그렇게 되면 도선 밖에 있는 전자는 '전기력'을 받아서 도선에서 먼 쪽으로 밀려나게 된다((-)와 (-)는 밀어내니까).

이게 바로 로런츠 힘이다. 앞에서 로런츠 힘은 $\boldsymbol{F}=q(\boldsymbol{E}+\boldsymbol{v}\times\boldsymbol{B})$로 쓸 수 있다고 했다. 이때, 내가 입자와 같이 이동한다면 $\boldsymbol{v}=0$ 이 되고 자기력은 사라진다. 그러나 자기력이 사라진 대신, 전기장($\boldsymbol{E}$)이 생기고, 이 전기장에 의한 전기력이 발생하게 된다. 즉 우리가 멈춘 상태에서 보면 우리 눈에 자기력으로 보였던 것이, 우리가 움직이면서 보면 전기력으로 보이게 된다. 결국 전기력이나 자기력은 움직임이 있으면 서로 바뀌게 되고, 그래서 따로 분리할 수가 없다(생각해보면 움직임이란 상대적이라서, 누가 움직이는가를 판단할 기준이 없기도 하다.).

이것이 바로 자기력이 이상하게 보였던 이유이다. 속도에 비례하거나 자기장에 수직으로 작용한다는 것이 이상하게 보였지만, 사실을 알고 보면 그 자기력이라는 것은 '전기가 움직여서 나타나는 상대론적 현상'이기 때문에 그런 것이다. 이런 까닭으로 물리학자들은 흔히 '자기'란 '전기'의 상대론적 효과라고 말한다. 움직이게 되면 나타나는 현상이라는 뜻이다.

이렇게 우리는 자기력의 근원인 로런츠 힘을 이해할 수 있게 되었다. 그 과정에서 상대성 이론도 조금 다루어 보았다. 그런데 곰곰이 생각해보면 자기장 속에서 움직이는 전자가 받는 힘은 알아냈지만, 자석의 N극과 N극이 왜 밀어내는지 그 원인은 여전히 모호하다. *자석에서 로런츠 힘은 도대체 어떻게 작동하는 것일까?*

자석은 왜 같은 극끼리 밀어낼까

그림20과 같은 상황을 생각해보자. 전지를 연결했으니 전기장이 걸렸을 것이고, 그럼 전자는 (+)쪽으로 힘을 받아서 이

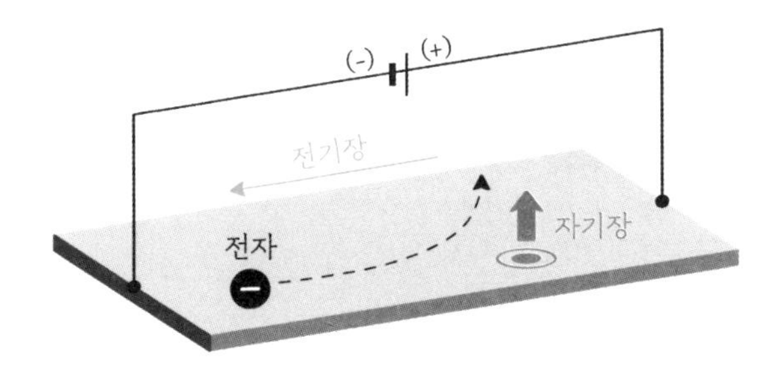

그림20 로런츠 힘을 받아 휘는 전자

동하게 된다. 이때 만일 자기장도 걸려 있다면 그 자기장에 다시 수직한 방향으로 힘을 받아서 휘게 된다. 결국 전기장과 자기장 하에서 이동하는 전자는, 이동 방향과 자기장에 모두 수직인 방향으로 힘을 받아서 한쪽으로 쏠리게 된다. 이 힘이 바로 앞서 설명한 로런츠 힘이며, 이렇게 전자가 힘을 받는 원리를 이용하면 모터를 만들 수 있게 된다.

그림21과 같이 자석의 자기장이 존재하는 곳에 도선을 연결하고 전류를 흘린다. 전류를 흘리면 전자가 이동하고, 이동하는 전자는 앞에서 설명한 로런츠 힘을 받게 된다. 로런츠 힘의 방향은 전자의 이동 방향과 자기장에 모두 수직이므로, 도선의 왼쪽 부분은 위쪽으로 향하는 힘을 받고, 도선의 오른쪽 부분은 아래쪽으로 향하는 힘을 받아 도선 자체가 회전하

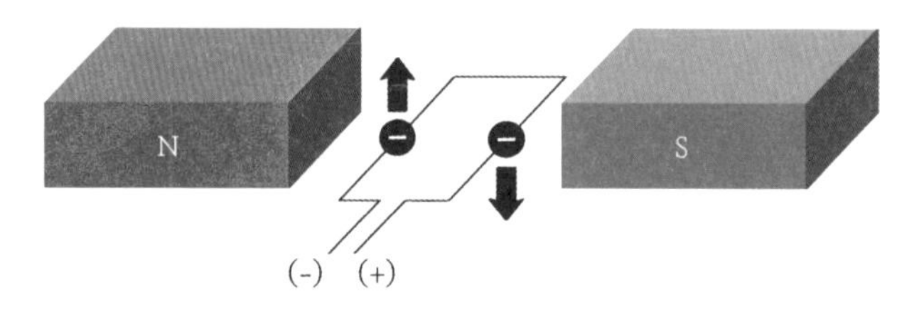

그림21 모터의 원리

게 된다. 이것이 바로 모터의 원리이다. 따라서 모터를 동작시키기 위해서는 반드시 자석이 필요하다.

자, 그럼 이번에는 자석이 없는 상황에서 전류가 흐르는 도선끼리 받는 힘을 생각해보자. **그림22**와 같이 두 도선에 전류를 같은 방향 혹은 반대 방향으로 흘리면 어떤 일이 발생하는지 보자. 도선에 전류가 흐르면 외르스테드 법칙에 따라 도선 주위에 자기장이 생긴다. 이렇게 생겨난 자기장은 옆 도선 속을 흐르는 전자에게 자기력을 가한다. 그러면 앞에서 설명한 모터에서와 같이 도선이 힘을 받아서 움직인다. 이 힘을 구해보면, 전류가 같은 방향으로 흐를 때는 두 도선이 서로 당기고, 전류가 반대 방향으로 흐를 때는 서로 밀어낸다.

자, 그럼 이를 자석에 적용해 보자. 자석의 근원이란 결국 원자 속 전자의 운동이라고 하였다. 일단 이해를 돕기 위

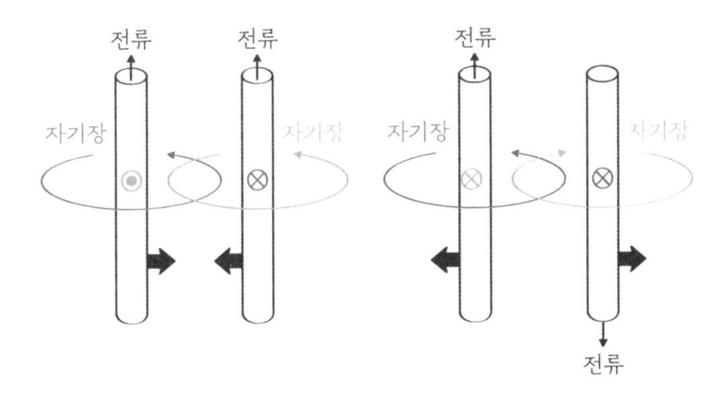

그림22 두 개의 직선 도선이 받는 힘

해 원자핵 주위를 도는 전자의 공전만 생각해보자. 그것은 작은 전류 고리에 의해 생성되는 원자 자석으로 생각할 수 있다고 앞에서 이야기했다. 그렇다면 이러한 작은 전류 고리가 만나면 어떻게 될까? **그림23**의 왼쪽과 같이 원자 자석의 N극과 S극이 만나는 경우는 두 전류 고리에 흐르는 전류 방향이 같을 때이다. 따라서 '두 도선이 받는 힘'을 생각해보면, 두 전류 고리에는 당기는 힘이 발생한다. 이에 반해 원자 자석의 N극과 N극이 마주보는 경우 전류 고리에 흐르는 전류 방향이 반대이고, 이때는 밀어내는 힘이 발생하게 된다. 결국 자석의 근원이 전자의 운동에 있고, 이때 발생하는 로런츠 힘을 고려

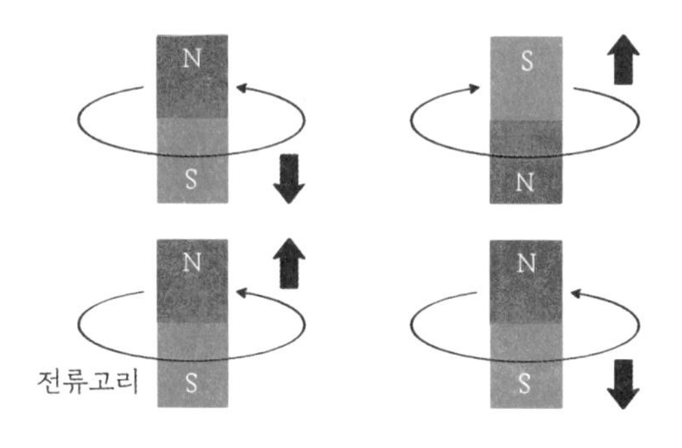

그림23 자석이 받는 힘

하면 자석이 받는 힘을 설명할 수 있다(물론 아주 엄밀하게는 상대론적 접근이 필요하지만, 이 정도로도 자석이 주는 힘의 대강은 설명할 수 있다.).

이제 우리는 자석이 왜 밀고 당기는 힘을 주는지 이해할 수 있게 되었다. 결국 자기력의 근원은 로런츠 힘인데, 이러한 로런츠 힘은 전자가 움직이기 때문에 나타나는 힘이다. 여기까지 이해하고 나서 잠시 돌아보면, N극과 S극이 존재하는 이유도, N극과 S극이 서로 당기는 이유도 모두 전자가 '움직이기 때문에' 나타난다는 사실을 알 수 있다. 그래서 내게는 원자 속의 전자가 참 고마운 존재이다. 전자가 쉬지 않고 돌아주니까 우리가 자석을 볼 수 있는 것이고, 자석을 연구하는 내가 먹고 살 수 있는 셈이니까. 전자가 움직이지 않았다면, 자석을 보기 위해 어쩔 수 없이 내가 직접 어지럽게 돌아야 했을지도 모르니 말이다.

CHAPTER 3

스핀이란 무엇인가

앞서 설명하기를 스핀은 '전자의 자전'이며, 그 자전축이 곧 자석의 N-S극의 방향을 결정한다고 하였다. 그럴듯한 설명이긴 하지만, 엄밀히 보자면 잘못된 설명이다. 실컷 설명해 놓고 나서 이제 와서 설명한 내용이 틀렸다고 하다니, 이게 도대체 무슨 황당한 이야기인가? 조금 변명을 하자면, 나로서도 어쩔 도리가 없었다. 자석을 설명하는 데에 그보다 더 좋은 설명은 없으니까. 사실 최초에 발견한 물리학자들도 그렇게 설명하지 않았던가?

이제부터는 현대 최신 물리학이 말하는 '*스핀이란 도대체 무엇인가*'에 대해 조금 더 생각해보자.

도대체 스핀이란 무엇인가

"전자의 스핀이 뭐에요?"

"전자는 왜 스핀을 가져요?"

이런 질문을 하게 되면 제아무리 뛰어난 물리학자라도 당황하게 된다[일반적으로 물리학자를 당황하게 만드는 몇 가지 질문이 있다. "스핀이 뭐에요?", "시간이 뭐에요?", "그런 건 왜 생겨요?" 이런 류의 질문이다.]. 이런 질문을 받게 되면 일단 머릿속에서 질문에 대한 대답을 구하느라 당황하고, 그 답을 구했다 해도 막상 설명하려면 다시 또 당황하게 된다. 도대체 스핀이란 무엇이길래 그런 것일까?

'고전역학으로 설명이 불가능한, 전자에 내재되어 있는 미스터리한 각운동량'

이게 일반적으로 알려져 있는 전자의 스핀에 대한 설명이다. 당연히 이런 설명으로는 상대방을 설득할 수 없으므로, 보통은 지구가 자전하듯이 전자가 자전한다고 생각했을 때 생각할 수 있는 각운동량이라고 쉽게 이야기한다[사실 나도 1장에서 그렇게 이야기했다.]. 그래도 대충 이해는 되니까. 그러나 엄밀하게 따지면 스핀이란 '*입자의 운동과 무관한 고유 각운동량*'에 해당한다[이건 또 무슨 소리인가?]. 그냥 전자가 뱅글뱅글 돈다고 설명을 하면, 듣는 사람도 편하고 좋을 텐데, 굳이 그게 아니라고 하는 이유는 다음의 몇 가지 사정 때문이다.

일단 양자역학에 따르면 전자는 입자일 수도 있고, 파동일 수도 있다(1장에서 보어와 드브로이 원자 모델을 설명하며 이에 대해 간단히 언급하였다.). 전자가 파동이라고 하면 그 크기를 정확히 정의할 수가 없다는 뜻인데, 크기를 정의할 수 없는 것의 회전을 논한다는 자체가 이상하다. 백 번 양보해서 입자라고 생각하고 크기를 정의하게 되면, 전자의 회전 속도는 빛의 속도보다 빨라지게 된다. 그렇게 되면 아인슈타인의 특수상대성 이론에 위배된다(특수상대성 이론이란 세상에 빛보다 빠른 것은 없다는 이론이다. 감히 누가 아인슈타인에 대항하겠는가?). 그뿐 아니라 문제는 더 있다. 회전하는 물체에는 회전대칭성이 반드시 존재한다. 무슨 말이냐 하면, 우리가 360도(한 바퀴)를 돌고 나서 앞을 바라보면 세상이 똑같다는 뜻이다. 그런데 전자의 경우는 720도(두 바퀴)를 돌아야만 세상이 똑같아진다(전자의 스핀이 1이 아니라 1/2인 이유다.). 이상한 점은 더 있다. 팽이가 회전을 하게 되면 회전축은 공간상에서 어느 곳으로든 향할 수 있지만, 전자의 스핀은 딱 두 개의 방향만이 정의된다(이것을 공간양자화라고 한다. 양자역학으로 설명해야 한다는 얘기다.). 또한 전자의 회전 속도를 늦추지도 늘리지도 못하며, 계속 회전한다고 해서 마찰에 의해 회전 속도가 줄어들지도 않는다.

이렇게 이상한 성질들을 가지고 있기 때문에, 그냥 단순히 팽이와 같이 회전하는 물체로 생각할 수는 없다. 그래서 어느 정도는 마음을 열고 받아들여야 한다. 스핀 각운동량은 회전해서 생기는 것이 아니라, 원래 그런 양을 내재적으로 가지고 있었다고 받아들여야 한다는 것이다. 일반적으로 물체의 '질량', '전하량' 등을 정의하듯이, '스핀'도 그냥 물질의 특성 중 하나라고 받아들이자는 것이다. 생각해 보면 우리는 "질량이란 무엇인가?", "전하량이란 무엇인가?" 이런 질문에 대한 답도 제대로 못하는 실정이니, 스핀도 그냥 물질의 성질 중 하나라고 받아들일 수 있을 것 같다. 즉 눈앞에 어떤 입자가 있는데, 그 입자가 뭔지는 모르지만 질량은 9.1×10^{-31}kg, 전하량은 1.6×10^{-19}C(여기서 C는 쿨롱이라고 읽는다), 그리고 스핀은 1/2을 가진다면, 그런 특성을 가진 입자를 '전자electron'라고 부르자고 약속하는 것이다. 이 정도면 훌륭한 정의가 아닌가? [시인 김춘수의 시 「꽃」에 담긴 서정성에 버금가는 물리학자의 낭

만이 아닌가 말이다.]

나로서는 이 이상 더 설명할 능력이 없지만, 이 정의가 부족하게 느껴지고 스핀에 대해 더 자세한 내용을 알고 싶은 독자는 이강영 교수님의 『스핀SPIN』[9]이란 책을 참고하자. 그리고 혹시라도 질량이란 무엇인지 궁금한 독자가 있다면, 히로세 다치시게 교수님이 쓴 『질량의 기원』[10]이라는 책을 참고하면 좋겠다.

이쯤에서 반드시 언급하고 넘어가야 할 것이 있다. 앞에서는 계속 전자의 스핀만을 이야기했다. 그 이유는 자석의 특성이 전자의 스핀에 의해서 결정되기 때문이었다. 그러나 스핀이란 입자의 특성이다. 그러니 우리가 알고 있는 모든 입자는 대부분 스핀을 가지고 있다. 즉 원자핵 속에 있는 양성자, 중성자도 모두 스핀을 가지고 있다는 뜻이다. 그런데 왜 자석의 특성을 이야기할 때 원자핵 속의 양성자와 중성자의 스핀은 이야기하지 않는가? 그 이유는 단순하다. 양성자와 중성자는 무겁기 때문이다(전자보다 약 2,000배나 무겁다.). 무거우면 그만큼 빨리 돌기가 어렵고, 따라서 거기에서 나오는 자기장이 훨씬 약하다. 엄밀하게 말하면 양성자와 중성자에서도 자기장이 나오지만, 크기가 작기 때문에 이를 무시하는 것이다[그러고 보니, 다시 또 '회전'으로 설명해버리고 말았다...].

스핀의 존재를 실험으로 증명할 수 있을까

과학과 종교는 비슷한 점이 많다. 현실에서 벌어지는 많은 현상들을 관찰하고, 그로부터 어떤 결론을 내리는 과정은 과학이나 종교나 별반 다를 바 없어 보인다[과학이 합리적인 사고를 통해 결론을 내린다고 하지만, 종교도 합리적인 사고를 한다!]. 그러나 과학과 종교의 결정적인 차이는 바로 '실험적으로 검증할 수 있는가?'에 있다. 생각해보자, 우리 눈에는 '신god'도 보이지 않지만, '산소oxygen'도 보이지 않는다. 그런데 신을 믿지 않는 사람은 있어도, 산소가 있다는 사실을 믿지 않는 사람은 없다. 왜냐하면 그것이 '실험적으로 검증'되었기 때문이다. 즉 과학적 실체가 되기 위해서는 반드시 실험적으로 검증이 되어야 한다. 전자의 스핀도 마찬가지다. 그것이 회전으로 이해될 수 있든 아니든, 그것이 존재한다는 사실이 실험적으로 검증되었기 때문에 우리는 자석의 근원이 스핀에 있다고 이야기하는 것이다. 도대체 스핀은 어떻게 실증된 것일까?

사실 앞서 크로니히, 호우트스미트, 울렌벡이란 세 명의 젊은 물리학자는 "*전자의 스핀이 존재한다고 가정하면, 원자에서 나오는 선스펙트럼을 설명할 수 있다*"고 했다. 당연히 따라나올 수 있는 질문이 "*그럼 스핀이 존재한다는 사실을*

실험적으로 증명할 수 있는가?"였다. 예를 들어 상황은 이렇다. 눈앞에 아주 매끈하게 생긴 당구공이 있다. 너무 매끈하게 생겨서 그것이 돌고 있는지 아닌지, 돌고 있다면 어느 방향으로 돌고 있는지 눈으로 봐서는 알 수가 없다. 이 상황에서 우리는 그 당구공이 어느 방향으로 회전하고 있는지 어떻게 실험적으로 증명할 수 있을 것인가?

당구를 좀 쳐 본 사람이라면 금세 대답할 수 있다. 공을 밀어서 벽에 부딪혀 보면 된다. 벽을 맞고 튕겨나올 때는 회전 방향에 따라서 다르게 행동한다. 야구를 유심히 본 사람도 비슷한 방법을 생각할 수 있다. 투수가 야구공을 던지면 그 회전 방향에 따라서 공이 휘어지는 방향이 달라진다. 즉 회전 방향에 따라서 받는 힘의 방향이 달라지는 것이다(이런 걸 마그누스 효과Magnus effect라고 하며, 날아가는 공 주위에 공기의 흐름이 달라지는 것이 원인이 된다.). 전자의 스핀을 회전으로 생각하면 안 되기 때문에 이런 설명이 아주 좋은 비유는 아니지만, 말하자면 위와 같이 '*외부와 상호 작용*'을 시켜주면 스핀의 방향을 알 수 있게 된다.

그럼 스핀을 확인하기 위해서는 어떤 상호 작용이 필요할까? 만일 스핀이 자성의 원인이라면, 자기장을 걸어주면 스핀 방향에 따라서 다르게 행동하지 않을까? 1922년에 오토 슈테른Otto Stern, 1888~1969과 발터 게를라흐Walther Gerlach, 1889~1979라는 두 명의 독일 물리학자가 이러한 아이디어로 실험을 수행하였다. **그림24**와 같이 두 개의 자석을 하나는 뾰족하고, 다른 하나는 뭉툭하게 해서 놓은 후, 자기장이 불균일하게 형성되도록 만들었다. 그리고 이 영역에 은(Ag) 증기를 주입하는 실험을 수행하였다. 은이라는 원자는 특이하게도 전자가 원자핵 주위를 도는 공전에 의해서는 자기장이 나오지 않는다. 따라서 전자의 공전만 생각하면 자기장을 걸어줘도 별로 반응하지 않을 것이다. 그런데 놀랍게도 슈테른-게를라흐 실험에서 은 원자의 경로는 정확히 두 갈래로 갈라졌다. 이 말은, 전자의 공전이 아닌 '다른 무엇'이 존재

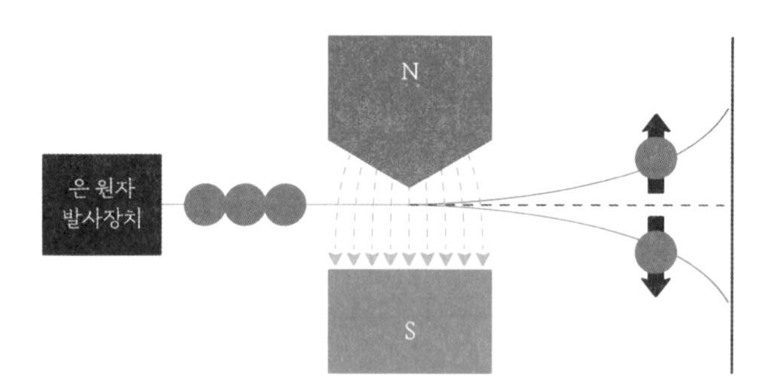

그림24 슈테른-게를라흐 실험 장치 모식도

해서, 그것이 자기장을 내뿜고, 그 자기장이 외부 자석에 의한 자기장과 평행이냐 반평행이냐에 따라 힘을 반대로 받아서 다른 방향으로 휜다는 의미이다. 그리고 그 '다른 무엇'은 바로 스핀으로 밝혀졌다. 스핀에는 정확히 up과 down의 2가지 상태가 존재하는 것이다!

원자에서 전자의 스핀은 어떤 식으로 배치되어 있을까

자석의 근원은 원자 내부에 있는 전자의 궤도 운동과 스핀이라고 하였다. 그것이 사실이라면, 전자의 개수가 많을수록 그 효과가 더해져서 원자에서 나오는 자기장이 강해질 것이고, 그러면 더 강한 자석이 될 것도 같다. 주기율표에서 원소 번호가 커질수록 전자의 개수가 많아지니, 강한 자석을 만들려면 그냥 주기율표에서 높은 원소 번호를 택하면 될 것도 같다. 그러나 이것은 사실이 아니다[세상은 그렇게 단순하지 않다.]. 왜냐하면 스핀이란 up과 down 두 가지 방향이 존재하고, 만일 두 개의 전자가 서로 반대의 스핀을 가지고 있다면 그 효과가 상쇄되어 버리기 때문이다. 그래서 단순히 전자의 개수가 늘어난다고 자성이 강해지는 것은 아니다. 그럼 원자 내부에는 *많은 전자의 스핀이 어떤 식으로 배치되어 있을까?*

앞서 보았던 보어의 선스펙트럼을 다시 생각해보자. 비정상 제이만 효과를 설명할 때, 같은 궤도를 돌고 있는 전자에 자기장을 가하면 두 갈래로 스펙트럼이 나뉜다고 말했다. 이 상황을 곰곰이 생각해 보면, 비정상 제이만 효과에서 스펙트럼이 두 갈래로 나뉘었다는 것은, 원자 내부에서 같은 궤도를 돌고 있는 전자는 딱 두 개뿐이라는 이야기가 된다. 그리고 그 두 개 전자의 스핀은 up과 down으로 달라야 한다.

그림25는 이 상황을 나타내고 있다. 만일 어떤 원자에 전자가 하나만 있다면 그 전자는 특정 스핀을 갖고 특정 궤도를 돌 것이고, 전자 하나가 더 추가된다면 그 전자는 반대 스핀을 갖고 같은 궤도를 돌게 될 것이다(즉 같은 궤도에 스핀이 서로 반대 방향인 두 개의 전자가 들어가게 된다.). 여기서 전자가 하나 더 추가되면, 이 전자는 같은 궤도에 들어가지 못하고 그 다음 궤도에 들어가게 된다. 결국 한 궤도에 허용할 수 있는 최대 전자의 개수는 두 개가 되고, 이런 식으로 수십 개의 전자를 궤도당 두 개씩 차곡차곡 채워가는 것이 원자이다.

여기에서 한 궤도에 허용할 수 있는 최대 전자의 개수가 두 개인 것을 파울리 배타원리라고 한다. 그런데, 왜 그런 것

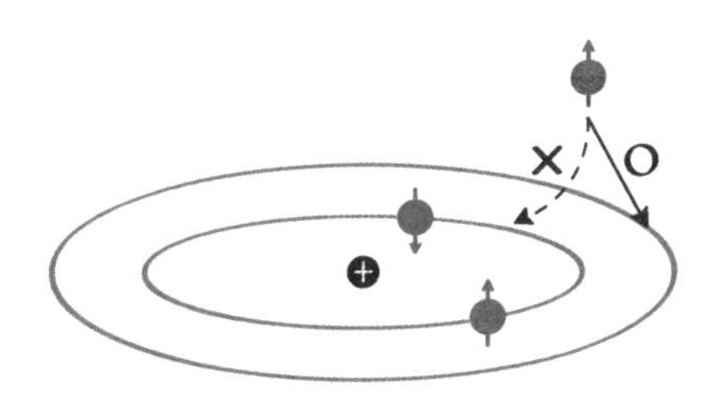

그림25 파울리 배타원리

일까? 왜 한 궤도에는 전자가 두 개까지만 허용되는 것일까? 왜 3개, 4개는 들어가면 안 되는 것일까?

파울리 배타원리를 조금 더 자세히 들여다보자. 전자의 궤도는 세 가지 변수에 의해서 결정된다(이런 것을 물리에서는 '양자수'라고 한다.). 즉 전자의 궤도가 원자핵에서 얼마나 멀리 떨어져 있는지(주 양자수), 전자의 회전 속도가 얼마나 빠른지(방위 양자수), 그리고 전자가 공전하는 회전축이 어느 방향을 가리키는지(자기 양자수)에 따라서 각각의 궤도가 결정이 된다. 여기에서 '양자'라는 이름이 붙은 이유는, 이러한 양자수가 연속적이지 않고 띄엄띄엄 있기 때문이다. 다시 말해, 전자 궤도의 반지름은 연속적인 값이 아니라, 특정값만 가질 수 있다(우리가 돌팔매를 돌릴 때는 줄의 길이를 1m로 할 수도 있고, 1.1m, 1.2m, 그밖에도 어떤 길이든 맘대로 바꿀 수 있지만, 양자화되어 있다는 것은 줄의 길이가 1m, 2m,…와 같이 정수로만 제한된다는 얘기다.). 이러한 기본적인 양자수에 스핀이라는 양자수를 더하면, 총 네 가지 양자수를 정의할 수 있다(스핀 양자수는 앞서 스핀을 설명할 때와 같이 up 혹은 down 두 개가 있을 수 있다). 파울리 배타원리란 '*네 가지의 양자수로 결정되는 각 양자 상태에는 단 하나의 전자만 들어갈 수 있다*'라는 것이다. 그러므로 주양자수, 방위 양자수, 자기 양자수로 결정되는 궤도에는 스핀이 다른 전자 두 개만 들어갈 수 있다(만일 스핀이 같은 전자 두 개가 같은 궤도에 들어가면, 파울리 배타원리에 위배되므로 그런 일은 있을 수 없다.).

이러한 파울리 배타원리로 인해, 특정 궤도에는 스핀이 다른 전자가 각각 하나씩, 즉 두 개씩만 존재하고, 전자가 추가되면 다른 궤도로 배치될 수밖에 없다. 생각해보면 이러한 파울리 배타원리는 우리가 사는 세상의 핵심일지도 모르겠다. 왜냐하면 파울리 배타원리가 성립되지 않았다면, 여러 개의 전자는 같은 궤도를 돌았을 것이고, 그러면 원자번호가 늘어나도 원자가 커질 이유가 없고, 오히려 원자핵과 전자 사이의 인력이 커져서 원자의 크기는 더 줄어들었을 것이다. 그래서 파울리 배타원리가 없었다면 우리가 사는 세상은 전자의 개수가 한 개와 두 개인 수소와 헬륨 정도만 존재하는 그런 세상이었을 것이고, 생명체란 애초에 존재하지 못했을지도 모른다.

그런데 가만히 보면 '파울리 배타원리' 역시 하나의 가정에 불과한 것처럼 보인다. '파울리 배타원리'가 성립하면, 우리 주변에 있는 모든 원자의 모양을 설명할 수 있긴 한데, '파울리 배타원리'가 왜 성립해야 하는지, 그 이유는 여전히 모호하다. *왜 하나의 양자 상태에는 하나의 전자만이 들어갈 수 있는 것일까?* 그 이유를 알려면 양자역학을 배워야 하는데, 여기서 양자역학을 모두 설명하는 것은 무리이니, 파울리 배타원리의 핵심만 다음에서 간단하게나마 설명해 보고자 한다. 굳이 양자역학까지 알고 싶지는 않다는 독자라면, 다음 부분을 건너뛰어도 좋겠다. 파울리 배타원리가 무엇인지만 알아도 자석을 이해하는 데에는 아무런 문제가 없으니까.

왜 하나의 양자 상태에는 하나의 전자만이 들어갈 수 있을까

우리가 일상 생활에서 보는 자연 현상에는 입자적인 성질을 가지는 것도 있고, 파동적인 성질을 가지는 것도 있다. 예를 들어, 당구공을 움직이게 하거나 미사일을 쏘는 것은 누가 봐도 입자의 운동이라고 할 수 있다. 이에 반해, 바다에서 파도가 친다거나 소리가 전달되는 것은 파동으로 이해해야 한다. 입자와 파동은 눈에 보이는 차이가 있는데, 그 차이는 바로 충돌했을 때의 양상이다. *입자는 튕겨나가지만, 파동은 중첩된다.* 당구공이 부딪히면 튕겨나가지만 소리는 만나도 튕겨나가지 않고 잘 통과한다. 생각해보자. 소리가 만나서 튕겨나간다면, 온갖 소리들이 부딪혀서 아무것도 제대로 들리지 않을 것이다. 그래서 우리는 입자의 운동과 파동의 운동은 다른 것이라고 생각한다.

양자역학의 핵심은 물질의 이중성이다. 즉 어떤 물질이든 입자의 성질과 파동의 성질을 동시에 가지고 있다는 것이다. 이러한 현상은 우리가 일상적으로 느끼는 감각과 차이가 있기 때문에, 양자역학을 이해하기 어렵게 만든다. 혹자는 묻는다. 입자성과 파동성이 동시에 있다면, 야구공 두 개가 부딪힐 때 마치 파동이 중첩되듯 서로를 통과해서 갈 수도 있지 않습니까? 맞다. 양자역학은 그렇다고 설명한다. 다만 그럴 확률은 극히 희박하다고 이야기한다(우주 나이를 고려해도 그런 일은 일어나지 않을 만큼 그 확률은 희박하다.).

입자성과 파동성이 동시에 존재한다면 어떻게 될까? 대표적으로 '불확정성 원리'를 들 수 있다. 어떤 '입자'가 있다면 그 위치와 속도를 정확히 얘기할 수 있겠지만, 그것이 '파동'이라면 그 위치와 속도를 정확하게 정의하기가 애매해진다(생각해 보자, 지금 주위에서 들리는 소리가 어디에서 나왔는지 알더라도, 그 소리가 현재 어느 위치에서 어떤 속도로 움직이고 있는지는 정확하게 정의하기 어렵다. 파동이란 크기 자체를 정의하기도 애매하니까.). 그래서 애초에 그런 것들을 정확히 측정하기는 불가능하다는 것이 불확정성의 원리이다.

양자역학에 의해 설명되는 또 다른 특성은 바로 '구별 불가능성'이다. 즉 A라는 입자와 B라는 입자가 구별이 안 된다는 것이다. 그런데 자세히 생각해 보면 세상에 똑같은 것은 없다. 아무리 똑같이 생긴 쌍둥이라도 다른 점이 있으며, 공장에서 찍어내는 똑같은 제품이라도 원자 하나하나의 배열이 모두 같을 리는 없다. 세상에 똑같은 것이 없기 때문에, 우리는 그것을 '구별'해낼 수 있다고 믿는다. 그런데 미시적인 세계로 들어가면, 그 입자들은 완전히 같다. 생각해 보자. 수소 원자는 어디에 있는 수소 원자든 똑같다. 그렇지 않다면, 세상에는 다양한 수소 원자가 존재하게 되고, 그럼 우리는 모든 수소 원자에 1번, 2번, 이렇게 번호를 붙여줘야 했을 것이다. 지구에 있는 수소 원자와 안드로메다에 있는 수소 원자가 다르게 생겼다면, 우리는 애초에 물리 법칙이라는 것을 쓸 수도 없다. 지구에서 성립하는 물리 방정식이 안드로메다에서는 다르게 작동할 테니까. 하지만 다행히도, 물리학자들은 우리가 세운 물리 방정식이 안드로메다 은하도 잘 설명한다는 점을 증명했다(여기에서나 거기에서나 '수소'는 그저 '같은 수소'라는 뜻이다.).

원자 속의 전자도 마찬가지다. 우리가 사는 세상의 전자는 모두 같은 질량, 전하량, 스핀을 가지고 있는 '동일한 입자'이다. 즉 구별할 수 없다. 굳이 구별하고 싶다면, 한 가지 방법은 추적하는 것이다. 전자 A와 전자 B가 충돌한다고 가정하면, 전자의 경로를 각각 추적하면 충돌 후에도 전자를 구별할 수 있을 것 같다. 그러나 이것도 애초에 불가능하다. 양자역학에 따르면 우리가 '관측'이라는 행위를 한 순간 이미 시스템이 교란되기 때문에 입자의 경로를 정확히 알 수 없다. 다시 말해, 전자란 파동이기도 하니까 경로 자체가 모호해지는 것이다(불확정성 원리와 일맥상통한다.). 따라서 미시 세계의 입자들은 원리적으로 '구별 불가능'하다.

구별 불가능하다는 것은 입자 A와 입자 B를 서로 바꾸어 놓아도 그것을 알아차릴 수 없다는 뜻이다. 앞서 얘기한 것처럼 양자역학적 세계는 입자성과 파동성이 동시에 존재하므로, 입자의 위치도 파동함수로 나타낼 수 있다. '구별 불가능'을 파동함수로 아래와 같이 표현한다.

$$|\psi(1,2)|^2 = |\psi(2,1)|^2$$

여기에서 $\psi(1,2)$는 두 입자의 파동함수이고, 제곱을 한 것은 그런 입자의 존재 확률을 의미한다(우리가 관측하는 것은 존재 확률이므로, 파동함수의 제곱이 의미가 있다.). 위 식에서 나타내는 것은 1번 입자와 2번 입자를 교환해도 그 존재 확률은 같다는 점이다. 교환해도 똑같으니 우리는 그것을 구별할 수 없고, 그래서 이것을 '구별 불가능성'을 나타내는 표현이라고 한다.

좀 더 들어가 보자. 위 식은 파동함수의 제곱으로 표현되어 있으므로, 위 식을 만족시키는 해는 다음과 같이 두 가지가 있다.

$$\psi(1,2) = +\psi(2,1)$$
$$\psi(1,2) = -\psi(2,1)$$

즉 입자1과 입자2를 교환했을 때, 파동함수가 그대로인 경우가 있고, 파동함수가 (-)로 바뀌는 경우가 있다(둘 다 제곱하면 같으니까.). 이를 각각 대칭 파동함수 및 반대칭 파동함수라고 한다. 각각의 파동함수를 구체적으로 써보면 아래와 같다.

$$\psi(1,2) = \phi_\alpha(1)\phi_\beta(2) + \phi_\alpha(2)\phi_\beta(1)$$
$$\psi(1,2) = \phi_\alpha(1)\phi_\beta(2) - \phi_\alpha(2)\phi_\beta(1)$$

여기서 ϕ_α라는 것은 α라는 상태를 나타낸다. 예를 들어 $\phi_\alpha(1)$라는 것은 1번 입자가 α라는 상태에 있으며 $\phi_\beta(2)$라는 것은 2번 입자가 β라는 상태에 있다는 뜻이다. 따라서 위 식은 양자역학적인 중첩 상태를 의미한다. 즉, $\psi(1,2)$를 보면 1번 입자는 α라는 상태에 있을 수도 있고, β라는 상태에 있을 수도 있다(그 확률적 합으로 나타난다.). 1번 입자가 독립적으로 어떤 상태에 놓여 있는지 결정하는 것은 불가능하다는 의미이다.

위 식에서 대칭 파동함수에 해당하는 입자를 보손Boson이라고 하며(광자가 여기에 속한다.), 반대칭 파동함수를 가지는 입자를 페르미온Fermion이라고 한다(전자, 양성자, 중성자

등이 여기에 속한다.). 위 식은, 양자역학적으로 세상에는 보손과 페르미온이라는 입자들이 존재할 수 있다는 것을 말해준다. 그리고 우리가 지금까지 이야기해온 전자electron는 바로 페르미온에 해당한다. 그리고 이제 다시 우리는 파울리 배타원리를 이해할 수 있게 된다.

두 개의 전자가 같은 상태에 존재한다고 하면, 위의 반대칭 파동함수에서 $\alpha=\beta$ 가 될 것이다. 그러면 페르미온의 경우 $\psi(1,2) = \phi_\alpha(1)\phi_\beta(2) - \phi_\alpha(2)\phi_\beta(1) = 0$ 이 되어버리고, 따라서 그런 것이 존재할 확률 $|\psi(1,2)|^2$은 제로(zero)가 되는 것이다. 즉, 두 개의 전자가 같은 상태에 존재할 확률은 제로다! 이것이 바로 파울리 배타원리이다.

파울리 배타원리를 양자역학적으로도 이해했으니, 이제 우리는 원자를 거뜬히 설명할 수 있다. 원자 한가운데에는 원자핵이 있고, 그 주위에 전자가 움직인다. 전자는 공전 궤도도 돌지만 자전과 비슷한 스핀이라는 성질도 가지고 있다. 원자 번호가 증가할수록 전자의 개수가 많아지고, 이러한 전자는 파울리 배타원리에 의해서 동일 궤도에는 두 개만 들어가고, 나머지는 다음 궤도로 들어가게 된다. 그래서 원자 번호가 증가할수록 전자는 외곽의 궤도를 돌게 되어 원자가 점점 커지게 되는 것이다.

원자를 이해했으니, 이제 자석도 이해가 될 것 같다. 그런데 생각해 보면 자석은 그렇게 간단히 이해할 수 없다. 앞에서 전개한 논리에 따르면, 하나의 궤도에 전자가 두 개가 되면 각각의 전자 스핀은 up과 down의 반대 방향이라 그 영향이 상쇄되어서 자성이 나오지 않지만, 궤도에 전자가 한 개만 있으면 스핀에 의한 자성이 나온다. 그렇다면 전자의 개수가 홀수인 원자는 무조건 스핀에 의한 자성을 띠어 자석이 되어야 한다. 그렇다면 주기율표의 원소 중에서 하나 건너 하나씩은 모두 자석이 될 수 있을 것 같다. 그런데 상온에서 자연계에 존재하는 자석은 하고많은 원소 중에 딱 네 개밖에 없다. *원자번호 26번 철(Fe), 27번 코발트(Co), 28번 니켈(Ni), 그리고 원자번호 64번 가돌리늄(Gd)이 그것이다. 나머지 물질들은 모두 상온에서 자석이 아니다! 왜 그런 것일까?*

CHAPTER 4

자석이란 무엇인가

원자 하나를 이해했다고 해서 물질을 모두 이해했다고는 할 수 없다. 그 이유는 '모이면 달라질 수 있기 때문'이다. 예를 들어 우리가 사회를 이루고 있는 각 개인의 특징을 모두 알고 완벽히 이해하고 있다고 해도, 이러한 개인이 모인 사회는 예측하기 어렵다. 한 명이 있을 때와 두 명이 있을 때, 그리고 세 명, 네 명 점점 숫자가 늘어갈수록 그 시스템은 점점 복잡해져가고, 우리는 점점 이해할 수 없는 현상을 목격하게 된다. 혼자 살 때는 규칙적인 하루를 살았던 사람이, 결혼을 하고 아이가 생기면서 이전과 같은 규칙적인 하루를 살 수 없게 되는 것처럼 말이다. 이렇듯 숫자가 늘어나면서 행동 양식이 바뀌게 되는데, 그 근본적인 이유는 바로 사람과 사람이 '상호작용'하기 때문이다.

물질도 마찬가지다. 원자 하나하나가 어떻게 생겼는지, 어떤 특성을 가지고 있는지 우리는 대부분 알고 있다. 그러나 그런 원자들이 모여서 물질이 되면 상황은 달라진다. 언뜻 생각해 봐도, 주기율표에 있는 원자의 개수는 기껏해야 100개 남짓인데, 우리 주변에는 엄청나게 다양한 물질들이 존재한다. 그러니 우리가 원자를 이해했다고 해서 물질을 이해할 수 있을 거라는 생각은 착각이다. 자석도 마찬가지다. 원자 하나만 보면 전자의 궤도 운동이나 스핀의 방향으로 자석의 방향을 결정할 수 있지만, 그런 원자들이 모이기 시작하면 얘기는 완전히 달라진다. *그럼 원자 단위의 자석이 모이게 되면 어떻게 될까?*

원자 자석이 여럿 모이면

원자들이 모인 덩어리를 우리는 물질이라고 하고, 그러한 물질이 자성을 띠게 되면 자성체라고 부른다. 그럼 우리 주변에는 어떤 자성체가 존재할 수 있을지 머릿속으로 상상해보자. 일단 원자 자체가 자석이 아닌 경우가 있다. 모든 원자 궤도에 전자가 두 개씩 꽉 차 있는 경우가 여기에 해당한다(이 경우 두 개의 전자들은 각각 up과 down 스핀을 가지고 있어서 그 영향이 상쇄되어 버린다.). 이런 원자는 모인다고 해서 자석이 될 것 같지는 않다. 이런 물질을 반자성체diamagnet라고 한다. 주기율표에서 전자가 궤도에 꽉 차 있는 물질(헬륨, 네온, 아르곤 등)은 모두 반자성체이다. 그리고 주변에서 흔히 보는 물(H_2O)도 반자성체이다. 그렇다면 이번에는 원자 자체에 자성이 있다고 생각해 보자(원자에 전자가 한 개인 궤도가 있는 경우다.). 이런 원자가 모이면 몇 가지 특이한 형태가 나타난다. **그림26**에 각각의 상황을 나타내었다. 먼저 위 왼쪽 그림이 나타내는 대로, 원자 자체는 작은 자석이지만, 이웃한 원자들의 스핀 방향이 중구난방일 수가 있다. 그러면 우리가 외부에서 보았을 때, 이 물질은 자석이 아닌 것처럼 보인다. 이런 물질을 상자성체paramagnet라고 부른다. 산소 분자가 여기에 해당하고, 금속 중에서는 백열전구의 필라멘트로 쓰이는 텅스텐(W), 비싼 반지의 원료인 백금(Pt) 등이 여기에 속한다. 위 오른쪽 그림은 우리가 흔히 자석이라고 말하는 물질이다. 모든 원자 자석의 방향이 한 방향을 가리키게 되면 전체적인 물질로서도 자기장이 나오기 때문에, 이러한 물질을 우리는 자석이라고 하며, 아주 엄밀하게는 강자성체ferromagnet라고 부른다. 상온에서 이렇게 강자성체의 형태로 존재하는 것은 앞

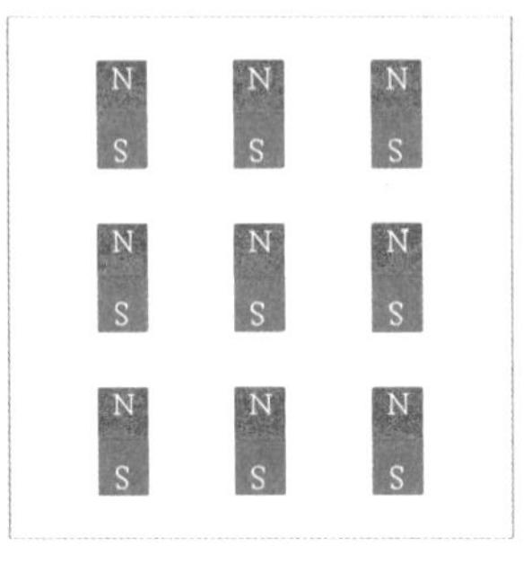

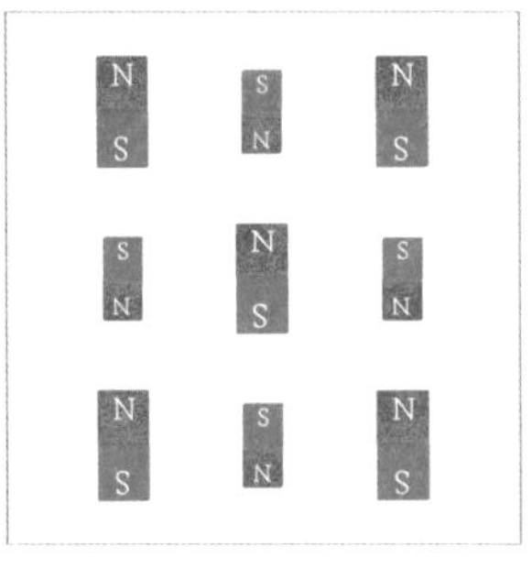

그림26 상자성체, 강자성체, 반강자성체, 준강자성체의 개념도.
작은 자석은 원자 하나의 자성을 나타낸다.

서 언급했던 철, 코발트, 니켈, 가돌리늄, 딱 네 개뿐이다. 아래 왼쪽 그림은 이웃한 원자 자석들의 방향이 반평행한 것으로, 이런 물질을 반강자성체antiferromagnet라고 부른다. 이런 물질은 원자 하나는 자석이지만, 이웃한 원자 자석의 방향이 반대이므로, 전체적으로는 자석이 아닌 것처럼 보인다. 상온에서 반강자성체로 존재하는 물질은 주기율표에서 원자번호 24번인 크롬(Cr)이 있다. 그리고 우리 주변의 많은 산화물은 대부분 반강자성체로 존재한다(금속은 녹이 슬면 반강자성체로 바뀐다.). 아래 오른쪽 그림은 준강자성체ferrimagnet라고 하는데, 강자성체와 반강자성체의 성질을 모두 지닌 물질이다. 이웃한 원자 자석의 배열은 반강자성체와 같이 반평행이지만, 그 크기가 달라서 완전히 상쇄되지 않는다. 따라서 전체적으로 자기장이 나오기 때문에 마치 강자성체와 같이 자석처럼 보인다. 인류 최초로 발견된 자석인 자철석이 여기에 속한다.

이런 식으로 원자가 여럿 모여서 물질이 될 때, 다양한 형태의 자성체를 이룬다. 그렇다면 물질이 어떤 자성체에 속하는지는 어떻게 알 수 있을까? 원자를 하나하나 들여다봐야 알 수 있을까? 사실 쉽게 구분할 수 있는 방법이 있는데, 자석을 가져다 대보는 것이다. 궁금한 물질에 자석을 가져다 대보고, 그 물질의 반응을 보면 어떤 자성을 가지고 있는지 대충은 알 수 있다. 먼저 반자성체는 자석을 대보면 밀려난다. 예를 들어, 물에다 자석을 가져가면 물이 밀려난다(그 이유는 곧 알게 될 것이다.). 그리고 상자성체는 자석을 가져다 대도 거의 반응하지 않는다(그 이유도 곧 알게 될 것이다.). 강자성체나 준강자성체는 말 그대로 자석이기 때문에, 자석을 가져다 대면 찰싹 달라붙는다. 겉보기에는 비슷한 철과 알루미늄이 각각 자석에 붙거나 붙지 않는 이유는 철은 강자성체, 알루미늄은 상자성체이기 때문이다. 반강자성체가 가장 까다롭다. 반강자성체는 자석을 가져다 대도 반응하지 않는다(이웃한 원자 자석이 반대 방향을 향해서, 전체적으로는 자석이 아닌 것처럼 보이기 때문이다.). 자석에 반응하지 않는다는 면에서는 상자성체와 같다. 두 자성체의 물질 내부 원자 자석의 배열은 완전히 다르지만, 외부 자석에 대한 반응은 똑같다. 그래서 역사적으로 반강자성체의 발견이 가장 늦었다. 왜냐하면 반강자성체를 모두가 상자성체라고 생각을 했기 때문이다. 나중에 기술이 발전해서 원자 자석의 배열을 들여다 봤더니(정확히는 중성자 산란 실험이다.), 이웃한 원자 자석들이 반평행하게 정렬되어 있는 것을 발견했다. 반강자성체가 존재할 가능성을 예측한 사람은 프랑스의 물리학자 루이 넬Louis Neel, 1904~2000인데, 그는 이 공로로 1970년에 노벨 물리학상을 수상하였다.

이렇듯 원자 하나가 자석이 되느냐도 중요하지만, 이러한 원자들이 어떻게 배열되는가도 중요한 문제이며, 이에 따라 물질이 자석이 되기도 하고 안 되기도 한다. 그런데, 이런

원자들은 도대체 무슨 상호 작용을 하기에 이런 배열들이 나오게 되는 것일까?

자석의 성질을 결정하는 원자의 상호 작용은

사실 앞에서 당연히 설명해야 했으나 여기까지 오는 동안 건너뛴 내용이 있는데, 다음과 같은 질문에 대한 답이다. "*전자의 공전과 자전이 모두 자석에 영향을 준다면, 둘 중에 무엇이 더 큰 효과를 줍니까?*" 사실 이 답은 계산 가능한데, 전류가 흐르면 주변에 자기장이 생긴다는 외르스테드의 법칙을 쓰면 전자의 운동에 대해서도 자기장의 크기를 구할 수 있다. 물론 실험적으로도 측정할 수 있다. 구체적인 계산은 생략하고 결과로 나오는 크기만 얘기하자면, 공전에 의해 발생하는 자기장과 자전에 의해 발생하는 자기장의 크기는 같다.* 그러니 공전과 자전은 자석의 세기에 비슷한 기여를 한다고 할 수 있다. 원자 하나가 공중에 떠 있다면 말이다.

* 이 크기를 정확히는 '자기 모멘트magnetic moment'라고 한다.

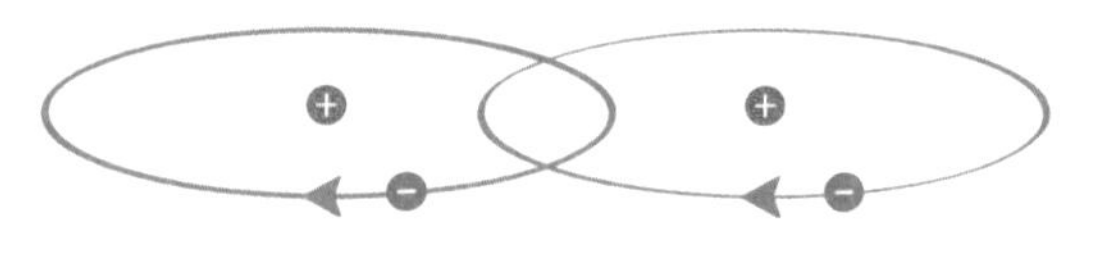

그림27 두 개의 원자가 가까워질 때

그러나 실제 물질에서는 그렇지 않다. 앞서 본 대로 우리가 '물질'이라고 말하는 것은 원자들이 많이 모여 있는 덩어리이다. 원자가 여러 개 모이면 상황은 달라진다. 왜냐하면 원자 두 개가 점점 가까워지면 전자의 공전 궤도가 점점 겹치기 때문이다(**그림27**). 이렇게 공전 궤도가 겹쳐지면, 주위의 원자가 어떻게 분포되어 있는지에 따라서 궤도의 모양이 달라지게 되고, 그렇게 되면 일반적으로 공전(궤도 운동)에 의한 자기장은 상쇄되어 거의 무시할 수 있게 된다.* 다시 말해 전자의 공전 궤도가 겹치게 되면, 궤도 운동에 의한 자기 모멘트는 작아지거나 상쇄되고 스핀에 의한 자기 모멘트가 큰 영향을 미치게 된다. 그런 이유로 일반적으로 자석의 근원을 전자의 스핀이라고 얘기하는 것이다.

* 전문 용어로는 '궤도 담금질orbital quenching'이라고 한다.

그러면 궤도 겹침 효과가 나타나는 물질과 그렇지 않은 물질에는 어떤 것이 있을까? 직관적으로 생각해 보면, 전자의 공전 궤도가 겹치기 위해서는 원자와 원자의 사이가 가깝거나, 혹은 전자의 공전 궤도 반지름이 크면 된다. 이러한 조건을 만족하면 두 원자의 궤도가 겹쳐지고, 그럼 궤도 운동(공전)에서 나오는 자기 모멘트의 영향은 거의 무시할 수 있게 된다(일반적으로, 철, 니켈, 코발트와 같은 물질에 해당한다.). 물론 반대로 원자와 원자 사이 간격이 커지거나, 간격에 비해 공전 궤도 반지름이 작다면 공전 궤도는 겹쳐지지 않고, 궤도 운동에 의한 자기 모멘트는 무시할 수 없게 된다(일반적으로 가돌리늄과 같은 희토류 금속에 해당한다.). 이렇듯 원자 속 전자의 공전과 자전은 물질에 따라(정확히는 원자들 사이 간격이나 궤도 반지름에 따라) 그 상대적인 영향력이 달라진다.

공전이 자석의 성질에 더 큰 영향을 주는가, 아니면 자전이 더 큰 영향을 주는가? 이 질문이 중요한 이유는, 이 질문에 대한 답을 알아야 우리가 강한 자석을 만들 수 있기 때문이다. 이왕 강한 자석을 만들 것이라면, 궤도 겹침 효과를 최소로 해서 공전과 자전을 모두 이용하는 것이 더 유리할 테니까. 세상 모든 것들이 그렇듯이, 원리를 알아야 새로운 것을 만들고 응용도 할 수 있는 법이다.

이렇듯, 원자 사이 간격이 가까워지면 궤도 겹침 효과가 나타나고, 전자의 공전에 의해 나타나는 자기장 효과는 거의 사라져 버린다. 그렇다면 자석의 특성은 대부분 전자의 스핀에 의해 나타나게 될 텐데, *물질에 따라 이웃한 전자들의 스핀이 평행하거나 반평행이 되는 이유는 무엇일까?*

스핀을 정렬시키는 상호 작용은

물리학자가 하는 질문 중에는 '왜?'가 들어가는 질문이 많다. "왜 그렇게 되어야 합니까?" 이런 류의 질문을 늘 던진다. 이런 질문이 출발점이 되어 새로운 발견이 등장하기도 한다. 흔히들 알고 있는 뉴턴의 사과를 생각해보라. "왜 사과는 아래로 떨어져야 하는 걸까?" 이 질문에서 시작해서 뉴턴의 법칙이 등장한 것이다.

물리학자가 던지는 '왜?'라는 질문에 항상 대답할 수 있는 일종의 마스터키와도 같은 대답이 있다. 그것은 바로 "그렇게 하면 에너지가 낮아지기 때문에 그렇습니다"이다. 이렇게 대답하면, 웬만한 질문에 모두 답이 된다.

자석에 대한 질문에도 마찬가지이다. 자석(정확히는 강자성체)이란 이웃한 원자 자석들이 같은 방향으로 정렬하는 물질인데, 그렇다면 "이웃한 원자 자석은 왜 같은 방향으로 정렬해야 하는 겁니까?"라고 물을 수 있다. 대답은 "같은 방향으로 정렬하면 에너지가 낮아지기 때문에 그렇습니다"이다. 그렇다, 세상 만물은 다 에너지를 낮추기 위해서 어떤 식으로든 흘러간다[우리가 서 있으면 앉고 싶고, 앉아 있으면 눕고 싶은 것은 아마 위치 에너지를 낮출 수 있기 때문일 것이다. 어쩌면 이것은 인간의 본성이 아니라 자연의 본성이라고 해야 맞을 것 같다!].

그럼 자석에서는 무슨 에너지를 낮추길래 이웃한 원자 자석이 평행할 때 에너지가 낮아진다고 하는 것일까? 그것은 바로 교환 상호 작용에 의한 에너지이다. 그럼 교환 상호 작용exchange interaction이란 도대체 무엇인가? 교환 상호 작용은 한마디로, '*이웃한 원자들의 스핀 방향을 정렬해 주는 상호 작용*'이라고 할 수 있다. 즉 교환 상호 작용에 의해서 이웃한 원자 자석은 같은 방향으로 정렬하게 되고, 그래서 우리가 눈으로 보는 자석(정확히는 강자성체)이 된다. 그런데 여전히 좀 불만족스럽다. *도대체 무엇이 교환 상호 작용을 일으키는가?*

교환 상호 작용이란 양자역학적인 상호 작용이고, 따라서 교환 상호 작용을 (양자역학을 배우지 않은 채로) 깔끔하게 설명하기는 어렵지만, 대강의 메커니즘을 설명해 보겠다. 원자에 전자 한 개가 있다고 하고, 이 전자에 의한 스핀이 원자 자석을 결정한다고 가정하자. 그리고 이웃한 원자 사이의 거리가 점점 가까워진다고 생각해보자. 그러면 궤도가 서서히 겹쳐진다. **그림28**과 같이, 왼쪽 원자에서 전자의 스핀은 up(붉은색)이고, 가장 안쪽의 궤도에 있다고 하자. 오른쪽 원자가 점점 접근하게 되면, 전자의 궤도가 겹치게 되는데, 이때 오른쪽 원자의 전자가 택할 수 있는 방법은 두 가지가 있다. 첫 번째 방법은 가장 안쪽 궤도에 스핀이 down(파란색)인 전자가 들어가는 것이다. 그러면 궤도가 겹치더라도 up-스핀과 down-스핀이 하나씩 있으므로, 파울리 배타원리에 위배되지 않는다. 그러나 만일 오른쪽 원자에 있는 전자 스핀이 up이라면 얘기가 달라진다. 오른쪽 원자의 전자 스핀이

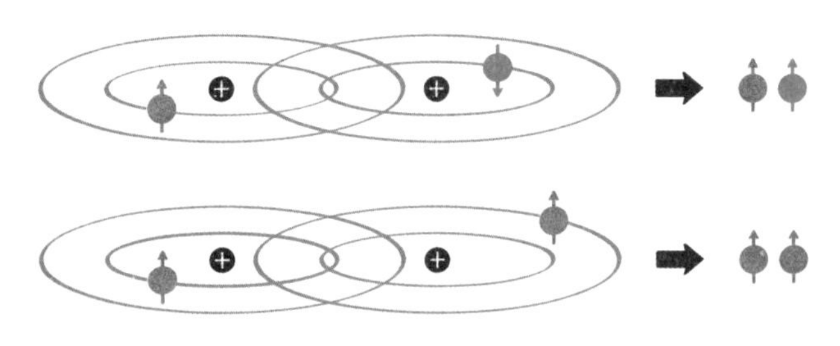

그림28 교환 상호 작용의 근원

up이라면 절대로 가장 안쪽 궤도에 위치할 수 없다. 왜냐하면, 왼쪽 원자와 궤도가 겹쳤을 때 같은 궤도에 두 개의 up-스핀이 존재하게 되고, 이렇게 되면 파울리 배타원리에 위배되기 때문이다. 따라서 어쩔 수 없이 오른쪽 원자에 있는 up-스핀을 가진 전자는 가장 안쪽이 아닌 외곽의 궤도에 위치하게 된다.

이렇게 두 가지 경우가 가능한데, 그럼 각각의 에너지를 한번 살펴보자. 만일 down-스핀인 전자가 안쪽 궤도에 위치한 첫 번째 경우, 두 전자가 같은 궤도를 돌기 때문에 거리가 가깝고 이에 따라 전자들끼리의 쿨롱 반발력이 커지게 된다(전자와 전자가 서로 밀어낼 테니까.). 즉 쿨롱 에너지의 손실이 커지게 된다. 이에 반해 up-스핀인 전자가 바깥쪽 궤도에 위치한 두 번째의 경우, 거리가 멀어져서 쿨롱 에너지 손실은 적지만, 전자의 궤도 자체가 커지기 때문에 돌기 위해서는 더 많은 운동 에너지가 필요하다. 즉, 전자의 운동 에너지 손실이 발생하는 것이다. 결국 쿨롱 에너지의 손실을 감수하고서라도 운동 에너지가 낮은 안쪽 궤도에 위치할 것인가, 아니면 운동 에너지의 손실을 감수하고서라도 쿨롱 에너지 손실이 작은 바깥쪽 궤도에 위치할 것인가가 문제가 된다[두 에너지 모두 낮출 수 있는 방법이 있으면 좋을 텐데, 항상 그렇듯 자연은 만만치 않다.]. 두 가지 경우 중 '에너지가 더 낮은 상태'로 자연은 흘러갈 것이고, 만일 첫 번째가 에너지를 더 낮출 수 있다면, 두 개의 스핀은 반평행하게 배열되고, 두 번째가 에너지를 더 낮출 수 있다면 두 개의 스핀은 평행하게 배열된다. 첫 번째가 바로 반강자성체이고, 두 번째가 바로 강자성체이다.

결국 교환 상호 작용이란 다른 게 아니라, 이웃한 원자의 궤도가 겹칠 때 쿨롱 에너지와 운동 에너지 중에 어느 쪽의 손실이 더 적은가의 문제이고, 결국 총에너지가 낮은 쪽을 자연이 선택한 결과로 강자성체가 되기도 하고 반강자성체가 되기도 한다. 그리고 자연이 이런 식으로 흘러가도록 만들어 주는 근원은 바로 '파울리 배타원리'이다.

이렇게 강자성체와 반강자성체의 원리를 간략히 설명해 보았다. *그럼 상자성체는 어떻게 설명해야 하는가? 도대체 무엇이 원자 자석의 방향을 중구난방으로 만드는가?*

무엇이 스핀 정렬을 흐트러뜨리는가

우리가 매일 느끼면서도, 그 엄청난 크기를 간과하고 있는 것들이 있다. 바로 온도와 압력, 그리고 지구 자기장 같은 것들이다. 우리가 살고 있는 곳은 대기압이 1기압이다. 이 크기를 구체적으로 계산해 보면, 손톱만한 공간을 1kg 정도의 아령으로 누르는 것과 같은 크기인데, 우리 몸 전체로 보면 몇 톤 정도의 무게로 누르는 것과 같다. 엄청난 크기임에도 이미 익숙해져 있기 때문에 우리는 대기압이 강하다는 것을 인식하지 못한다. 가끔 설거지를 하다가 냄비나 그릇이 압착되어 붙어 버리는 경우가 있다. 실제 안과 밖의 압력 차이는 얼마 나지 않지만, 그것을 떼기 위해 노력하다 보면 1기압이 실로 엄청난 크기임을 실감하게 된다. 1기압의 크기를 좀 더 극적으로 느낄 수 있는 방법은 드럼통에 물을 넣고 끓인 다음 갑자기 찬물로 식혀 버리는 것이다. 내부의 수증기가 물로 바뀌면 압력이 낮아지고, 그러면 외부의 압력에 의해서 드럼통은 쉽게 찌그러져 버린다[요즘 유튜브에는 없는 게 없으니 한번 찾아보기 바란다.].

지구 자기장도 마찬가지이다. 지구 자기장의 크기는 지구상 위치에 따라서 달라지지만, 우리나라에서는 대략적으로 0.4Oe(에르스텟) 정도가 된다. 우리가 가지고 노는 네오디뮴 자석의 세기가 수천Oe 정도 되니, '지구 자기장은 아주 작구나' 하고 보통 생각한다. 그런데 앞에서 보았던 외르스테드 법칙에 따라 도선에 전류를 흘려서 자기장을 발생시킨다고 생각해 보면 얘기가 좀 달라진다. 도선에서 1m 떨어진 곳에서 0.4Oe의 자기장을 발생시키기 위해서는 대략적으로 400A(암페어) 정도의 전류를 흘려줘야 한다. 즉 지구 자기장의 크기는 땅속 1m 지점에 400A가 흐르고 있는 상황과 대충 비슷하다고 할 수 있다[내 발밑에 고압 송전선이 지나간다고 생각하면 누구라도 기분이 썩 좋지는 않을 것이다.]. 물론 지구가 전자석은 아니지만, 생각해 보면 상당히 큰 자기장이 존재한다(그 덕분에 태양풍도 막아준다!). 다만 우리는 이미 적응한 채로 살고 있고 익숙해져 있기 때문에, 그 크기를 잘 느끼지 못할 뿐이다.

온도도 마찬가지다. 우리는 대개 여름엔 덥고 겨울엔 추운 정도로 온도를 인식한다. 그리고 물이 얼음이 되느냐 수증기가 되느냐가 차가움과 뜨거움의 기준이 되기도 한다. 그래서 한겨울에 영하 20도 정도로만 기온이 내려가도 모든 것이 얼어붙을 듯이 어마어마하게 낮은 온도라고 생각한다. 하지만 과학적으로 보면 영하 20도는 어마어마하게 뜨거운(?) 온도이다. 생각해 보라, 물을 끓이면 수증기가 되듯이, 우리 눈앞에 있는 공기는 이미 다 끓어서 기체가 되어 있지 않은가? 우리가 춥다 덥다 하는 건 단지 인간의 입장에서 느끼는 것이고, 우리가 춥다고 해서 자석도 춥다고 느낄 이유는 없다. 사실 우리가 사는 지구의 온도는 자석의 입장에서 보면 이미 충분히 뜨거운 상황이다. 그 직접적인 예가 바로 이제부터 설명하고자 하는 상자성체이다.

앞서 보았듯이 원자와 원자가 만나게 되면 교환 상호 작용에 의해서 평행해지기도 하고 반평행해지기도 한다. 그렇다면 자연에 존재하는 대부분의 물질은 강자성체나 반강자성체여야 하는데, 실제로 주기율표에 있는 대부분의 원소는 상자성체이다. 그 이유는 바로 우리가 살고 있는 상온의 열에너지 때문이다. 이 열적 요동thermal fluctuation이 스핀의 방향을 중구난방으로 만들어 버린다. 그러면 이러한 열적 요동은 얼마나 강한 것일까?

스핀을 가진 전자 하나가 공중에 떠 있다고 가정해 보자. 상온은 스핀의 입장에서는 이미 충분히 뜨거운 온도이기 때문에, 열에너지에 의해서 스핀은 무작위한 방향으로 계속 요동친다. 이때 외부에서 강한 자기장을 가해서 이 스핀을 자기장 방향으로 정렬시킬 수 있다(즉 날뛰고 있는 스핀을 강제로 억제하는 것이다.). 그러려면 얼마나 큰 자기장이 필요할까? 계산해보면 대략 4백만Oe 정도가 나온다. 이 자기장은 얼마나 큰 값일까? 네오디뮴 자석의 세기가 수천Oe이고, 현재 세계적인 수준의 실험실에서 만들 수 있는 가장 강한 자기장의 크기가 45만Oe 정도이니, 자기장으로 스핀을 정렬시키는 것이 거의 불가능할 정도로, 열에너지라는 것은 스핀의 방향을 생각보다 크게 흐트러뜨려 놓는다. 그래서 상온에서 대부분의 물질은 상자성체이며, 자석에 붙지 않는다.

그렇다면 온도를 내리면 열에너지에 의한 요동이 줄어들어 상자성체가 강자성체로 될 가능성이 있을까? 그렇다. 일반적으로 온도를 저온으로 내리면 많은 물질들이 강자성체나 반강자성체가 된다. 그와 반대로 상온에서 자석인 물질도 어느 정도 온도보다 높아지면 열에너지를 이기지 못하고 상자성체가 되어버린다. 강자성체에서 상자성체로 바뀌어버리는 온도를 퀴리 온도Curie Temperature라고 한다. 우리가 흔히 아는 퀴리 부인의 남편인 피에르 퀴리가 이 현상을 발견하였고, 그래서 그의 이름을 딴 것이다.

조금 더 물리적으로 다시 얘기해 보자면, 교환 상호 작용에 의한 에너지와 열에너지가 벌인 경쟁에서, 교환 상호 작용 에너지가 이긴다면 강자성체가 되는 것이고, 열에너지가 이긴다면 상자성체가 되는 것이다. 상온에서 강자성체로 존재한다는 것은 앞서 설명한 엄청난 열에너지를 이길 만큼 교환 상호 작용 에너지가 크다는 의미이다. 그런 물질은 앞에서 본 것과 같이 철, 니켈, 코발트, 가돌리늄 딱 4개뿐이다. 이 중에서 가돌리늄은 퀴리온도가 293K, 즉 섭씨 20도 정도이다. 따라서 이 물질은 여름에는 열에너지가 높아서 상자성체이고, 겨울이 되면 열적 요동이 줄어들어 강자성체, 즉 자석이 된다 [이 부분을 여름에 썼다면, 4가지 강자성체에서 가돌리늄을 제외해야 했을 것이다!].

반자성체에 자기장을 가하면

더 나아가기 전에 반자성체에 대해 간단하게 언급해둘 점이 있다. 반자성체란 앞서 설명한 대로 원자 궤도에 전자가 꽉 들어차 있어서, 원자 자체가 자석이 아닌 물질이다. 이런 물질은 자석도 아닌데 뭐 특이한 점이 있나 싶지만, 자기장을 가하게 되면 굉장히 신기한 현상을 볼 수 있다. **그림29**에 이 현상을 나타냈다. 자기장이 없을 때 원자는 자석이 아니다. 그러나 자기장을 가하게 되면 원자 자체에 자성이 생기게 된다. 그 원인은 간단히 말해 전자기 유도라고 할 수 있다. 전자기 유도란 자석을 움직이면 도선에 전류가 흐른다는 바로 그 패러데이 법칙을 의미한다. 솔레노이드처럼 도선을 감아 놓은 곳에 자석을 넣으면 도선에 전류가 생기고, 이렇게 생긴 전류는 외르스테드 법칙에 의해 다시 자기장을 만들게 되는 것이다. 집에서도 이것을 쉽게 확인할 수 있는 방법이 있다. 어느 집이든 부엌에 알루미늄 쿠킹 포일 하나쯤은 있을 것이다. 돌돌 말려 있는 쿠킹 포일 속으로 강한 자석을 통과시켜 보자. 그러면 자석이 천천히 떨어지는 것을 확인할 수 있다! 그 이유는 자석이 들어가면서 쿠킹 포일에 전류가 생겨나고, 그 전류가 다시 자기장을 만들어내서 자석을 밀어내기 때문이다. 원자에서도 마찬가지로 자기장을 가해주면 이런 식의 자기장이 생겨난다.

여기서 중요한 점은 '생성되는 자기장의 방향이 가해주는 자기장과 반대 방향'이라는 것이다. **그림29**에서 보듯이 반자성체 물질에 S극을 가까이 가져가면 S극이 유도된다. 그러면 이 S극은 자석을 밀어내게 된다. 즉 어떤 물질이 반자성체라면, 자석을 가져다 댔을 때 그 물질은 자석에 붙지 않고 오히려 밀려나게 된다.

우리 주변에서 가장 흔히 볼 수 있는 반자성체는 바로 물(H_2O)이다. 물에 자석을 가져다 대면, 홍해가 갈라지듯(?) 밀려난다는 뜻이다. 그렇다면 더 멋진 상상을 해볼 수도 있을 것이다. 땅 위에 큰 자석을 하나 둔다. 그리고 그 위로 물을 한 방울 떨어뜨린다. 물은 반자성체니, 자석과 서로 밀어낼 것이고, 그럼 물은 공중에 둥둥 떠다닐 것이다. 내친 김에 자석 위로 몸을 던져보면 어떻게 될까? 우리 몸의 70%가 물이니 둥둥 뜰 수도 있지 않을까? 물론 우리 몸에 강한 자기장을 가한다는 것은 다른 문제로 건강에 심각한 타격을 입힐 수 있으니, 실제로는 절대 해서는 안 되는 실험이다. 그런데 이런 실험을 정말로 해본 사람이 있었다. 그의 생각은 이런 것이었다. 개구리 한 마리를 자석 위에 올려 보자!

그는 실험에 착수했고, 이때 필요한 자기장의 세기를 추산해 보았다. 당연하게도 우리가 생활하면서 흔히 보는 그런 자석으로는 이런 현상을 볼 수 없었다. 필요한 자기장의 크기

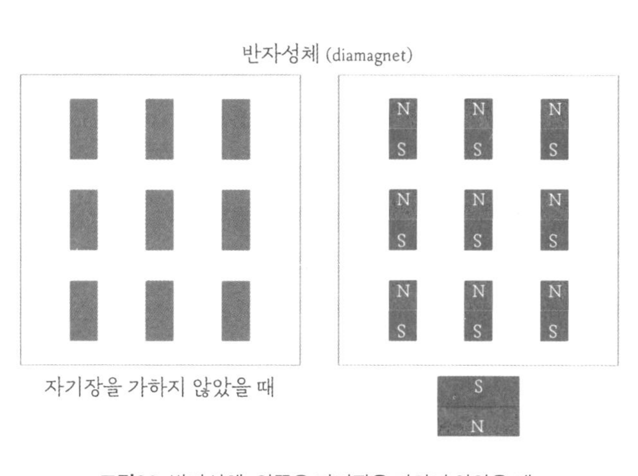

그림29 반자성체. 왼쪽은 자기장을 가하지 않았을 때.
오른쪽은 자기장을 가했을 때.

는 약 15만Oe 정도이며, 네오디뮴 자석의 수십 배 정도 되는 세기다. 그래서 그는 대학교 실험실에서만 사용할 수 있는 아주 큰 자기장을 발생시키는 장치를 사용했고, 엄청나게 비싼 그 장비에...개구리를 넣었다! (유튜브에서 'levitation frog'를 검색해 보면, 그 결과를 직접 확인해볼 수 있다.)[11]

이 실험은 물의 반자성을 확인한 가장 드라마틱한 실험으로 알려져 있으며, 이 실험을 시도한 안드레 가임Andre Geim, 1958~ 교수는 다소 엉뚱해 보이는 이 실험의 공로로 2000년에 이그노벨상Ig Nobel prize을 수상하게 된다. 이그노벨상이란 괴짜 노벨상으로 알려져 있는 상이다. 그런데 재미있는 사실은 가임 교수가 그로부터 10년 후 2010년에, 그래핀의 발견으로 진짜 노벨 물리학상을 거머쥐었다는 것이다. 그는 현재까지 이그노벨상과 진짜 노벨상을 동시에 수상한 유일한 사람으로 남아 있다. 그가 했던 말 중에 가장 유명한 말은 바로 "*지루하게 있느니 틀리는 편이 낫다(Better to be wrong than be boring)*"이다.

어쨌든 반자성을 이용한다면 물체를 둥둥 띄울 수 있다. 공중 부양도 가능하다는 뜻이다. 하지만 이렇듯 반자성으로 공중 부양을 일으키려면 강한 자기장이 필요한데, 강한 자기장을 얻기 위해서는 전자석에 엄청난 전류를 흘려야 해서 많은 에너지가 소모된다. 반자성에 의한 공중 부양 현상을 적은 에너지로 극적으로 볼 수는 없는 것일까? 물론 가능하다. 그것이 바로 초전도체superconductor이다.

초전도체란 저항이 0이 되는 물질을 말한다. 저항이 0이니, 전류의 손실도 없고 열도 나지 않는다. 그리고 이러한 초전도체의 또 다른 특성이 바로 '완전 반자성체'라는 점이다. 즉 외부에서 자기장을 가하면 정확히 그만큼의 자기장을 발생시켜서 외부 자기장을 밀어낸다. 이런 초전도체를 이용하면 공중 부양이 가능하며, 그것이 바로 '자기 부상 열차'의 원리이다. 하지만 가장 큰 문제는 대부분의 초전도체가 영하 200도 미만에서만 작동하고, 상온에서 작동하는 초전도체를 발견하지 못하였다는 점이다(초전도체 입장에서 상온은 아주 뜨거운 온도이다!). 초전도 현상이 발견된 1911년 이후, 상온에서 작동하는 초전도체를 찾기 위해서 수많은 과학자들이 도전하였으나, 번번이 고배를 마셨다. 그러다 2020년 10월 영국의 학술지 《네이처》에 섭씨 15도에서 작동하는 초전도체가 드디어 공개되었다![12] 과학계는 엄청나게 흥분했지만, 아직 자기 부상 열차에 사용할 만큼 획기적이지는 않았다. 그 이유는 상온 초전도를 유지하기 위해서 260만 기압의 압력을 가해야 했기 때문이다(앞서 설명했던 기압의 크기를 떠올려 보자.). 아직은 실질적 응용은 힘들지만, 상온에서 작동하는 초전도체가 발견되었다는 사실 자체는 큰 의미가 있다. 지금까지 많은 사람들이 상온 초전도체를 실현하는 일은 불가능하다고 생각했지만, 생각해 보면 불가능이라는 것은 '가능하지 않다'가 아니라, '가능한 방법을 아직 찾지 못했다'일 뿐이다. 이 책을 읽는 누군가가 훗날 진정한 상온 초전도체를 실현시킬 수도 있지 않을까 하는 즐거운 상상을 해 본다.

철은 정말 자석일까

여기까지 읽으면서 고개를 끄덕끄덕한 사람도 있었을 테고, 여전히 잘 이해가 안 되는 사람도 있을 것 같다. 내 짐작엔 아직 남아 있는 질문이라면 이런 정도가 아닐까 싶다. "철이 강자성체, 즉 자석이라구요? 그러면 주변에 보이는 철이나 쇠들은 왜 전부 자석으로 안 보이는 겁니까?"

이제 이 질문에 답할 때가 온 것 같다. 결론부터 먼저 말하자면 철은 자석이 맞다. 다만 우리 눈에 자석으로 안 보일 뿐이다. 어떻게 이런 일이 발생할까? 사정은 다음과 같다.

철이라는 원자는 자기 모멘트를 가지고 있고, 따라서 원자 크기의 자석이라고 할 수 있다. 그리고 철 원자가 여럿 모이면, 이웃한 원자들의 스핀은 모두 같은 방향으로 향한다. 즉 철은 강자성체라는 뜻이다. 그런데 조금 더 스케일을 키우면 **그림30** 같은 구조가 나타난다. 철이라는 물질 내부의 스핀 구조를 보면 스핀이 같은 방향으로 향하는 특정 영역이 존재하고(이를 자기 구역magnetic domain, 줄여서 자구라고 한다), 이러한 영역 내부에서는 모든 스핀이 정렬해 있지만, 영역끼리는 무작위한 방향을 향하고 있다. 결국 전체적으로 보면 마치 스핀이 정렬해 있지 않은 것처럼 보이고, 그래서 철은 자석이 아닌 것처럼 보인다.

이를 확인할 수 있는 방법은 이미 초등학교에서 배웠다. 철에다 자석을 대보는 것이다. 그러면 내부의 무작위한 방향

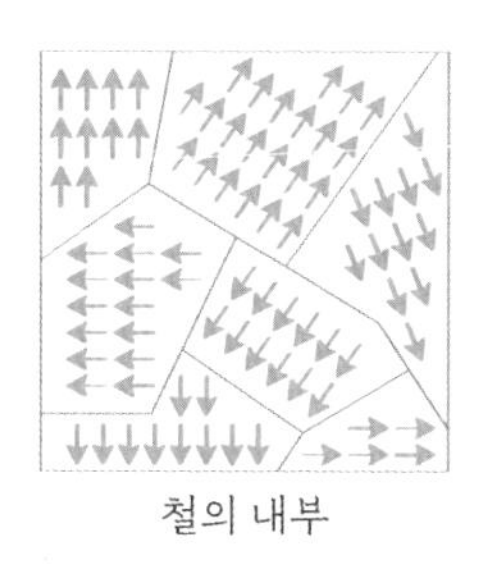

그림30 철의 내부 스핀 구조. 화살표는 원자 자석의 N극 방향을 의미한다.

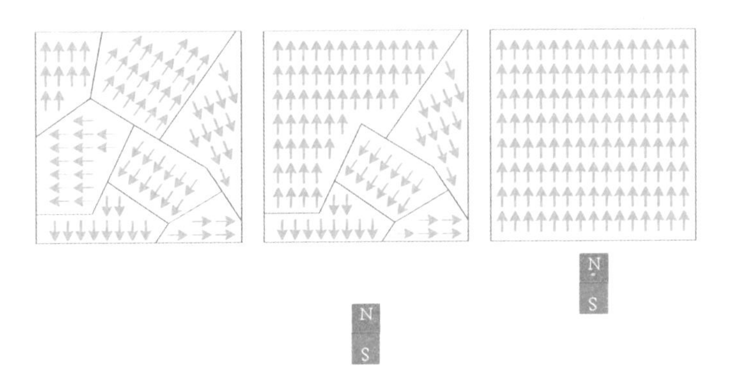

그림31 자석을 가까이 가져갈 때 철 내부 자기 구역의 변화

의 자기 구역들이 모두 자기장 방향을 향하게 되고, 철은 자석이 된다(**그림31** 참조). 물론 자석을 떼고 한참 지나면 다시 철의 내부는 무작위한 방향을 향하게 된다(그게 에너지적으로 안정하기 때문이다.). 자석을 가지고 놀던 어린 시절을 떠올려 보자. 클립을 자석에 붙였다 떼면 클립도 잠시 동안은 자석이 되어 다른 클립을 붙일 수 있었다. 강자성체인 클립에 자기 구역이 생겼다 없어졌다 하기 때문이었던 것이다!

자석의 N극과 S극은 어떻게 고정될까

지금까지 알아본 내용을 다시 한번 정리해 보자. 어떤 물질이 강한 자석이 되기 위해서는 그 물질의 원자 내부에 있는 여러 전자의 공전과 자전에 의해 나타나는 자기장의 합 자체가 커야 한다. 그리고 이러한 원자 자석이 모여 물질이 될 때, 모두 나란하게 배열되어야 한다. 이렇게 만들어진 물질은 강한 자석이 될 것 같지만, 이것만으로는 강한 자석이 될 수 없다. 왜일까?

그림32와 같은 상황을 생각해 보자. 두 경우 모두 원자 자체가 자석이고, 이들이 나란하게 배열되어 있다. 그러나 이

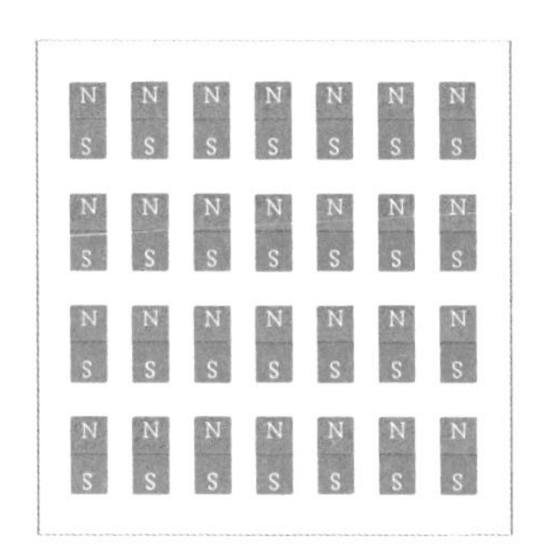

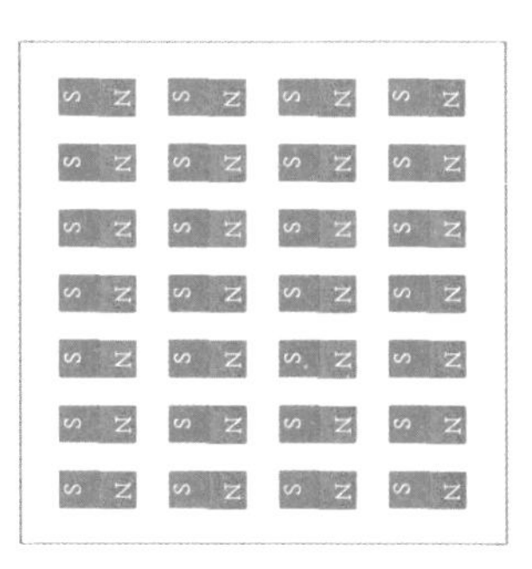

그림32 원자 자석의 정렬. 두 경우 에너지는 같다.

상황에서는 자석이 위아래로 정렬하든, 좌우로 정렬하든 그 에너지가 똑같다. 그러니 네모난 자석을 만들면 N극이 어느 방향으로 향할지 알 수가 없다. 그런데 막대자석이나 네오디뮴 자석을 사면, 그 자석은 N극과 S극이 항상 고정되어 있다(N극은 항상 N극을, S극은 항상 S극을 가리켜야 그것을 자석이라고 할 수 있다.). 즉 강한 자석이 되려면 나란히 배열된 원자 자석들을 특정 방향으로 고정시키는 것이 대단히 중요하다. 어떤 방법을 써야 특정 방향으로 N극을 고정시킬 수 있을까?

가장 쉬운 방법은 자석의 모양을 바꾸는 것이다. **그림33**과 같이 자석을 길쭉하게 만들었다고 가정해 보자. 왼쪽 그림은 길쭉한 쪽에 N극과 S극이 형성된 것이고, 오른쪽 그림은 납작한 쪽에 N극과 S극이 형성된 것이다. 이 두 가지 상황은 서로 다르며, 둘 중 어느 한 쪽이 에너지적으로 더 안정하다. 이때 에너지는 전문 용어로 '정자기 에너지magnetostatic energy'라고 하는데, 그 근원은 자석 내부의 자기장과 관련이 있다. 자석의 자기장은 N극에서 나와서 S극으로 들어가지만, 자석 내부에서도 N극에서 나와 S극으로 들어가야 한다. 따라서 왼쪽 그림의 경우는 위쪽의 N극에서 아래쪽의 S극으로 자석 내부의 자기장이 발생하며, 오른쪽 그림의 경우는 오른쪽에서 왼쪽으로 자석 내부 자기장이 발생한다. 이러한 자기

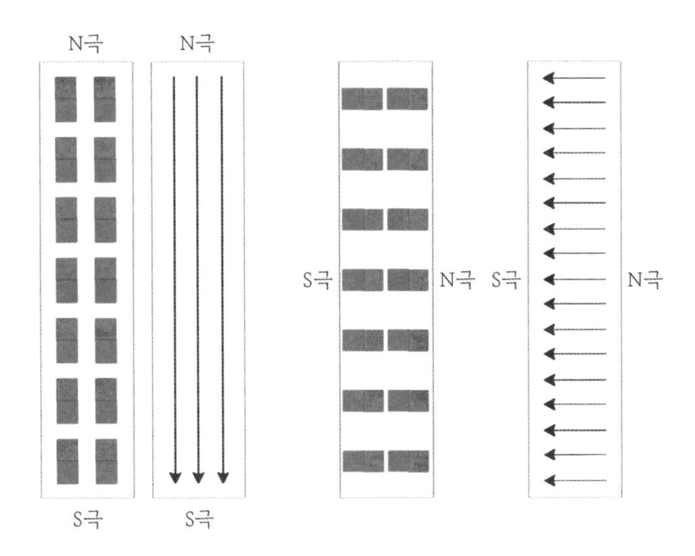

그림33 형상이방성의 원인. 검은색 화살표는 N극에서 S극으로 향하는 내부 자기장의 방향을 나타낸다.

장은 원래 정렬해 있던 원자 자석의 방향과 반대이기 때문에 원자 자석을 흐트러뜨리려 한다. 따라서 자석 내부의 자기장이 가능한 약한 것이 좋다. 자기장을 약하게 하려면 N극과 S극이 멀리 떨어져 있는 것이 좋고, 따라서 왼쪽과 같이 길쭉한 방향으로 N극과 S극이 형성되는 것이 에너지적으로 안정하다. 이것을 전문 용어로 '형상이방성shape anisotropy'이라고 한다. 막대자석이 길쭉한 데에는 이유가 있고, 자석을 굳이 구부려서 말굽자석으로 만드는 이유도 여기에 있다. 기차가 지금보다는 좀 더 느리게 다녔던 옛날에, 아이들이 철길 위에 쇠못을 두고 기다리면 기차가 지나가고 난 후 납작해진 쇠못이 자석이 되었던 이유이기도 하다.*

자석의 극을 고정시키는 방법 중에는 형상이방성만 있는 것이 아니다. 사실 훨씬 더 효율적이고 강력한 방법이 바로 '결정이방성crystal anisotropy'을 이용하는 것이다. 결정이방성이란 원자를 하나하나 쌓아나갈 때 특정 방향으로 쌓아서 방향성을 주는 것이다. **그림34**에서 동그란 원 하나가 원자 하나라고 하면, 쌓는 방법에 따라서 방향성이 달라질 수 있다(분홍색 화살표가 방향성을 나타낸다.). **그림34**의 왼쪽과 오른쪽처럼 원자들의 쌓는 방법을 달리하여 특정 방향성을 주면, 자석의 N극과 S극을 자석 자체의 모양과 상관없이 일정한 방향으로 향하게 할 수 있다. 흔히 보는 네오디뮴 자석의 N극과 S극이 그 자석의 모양과 상관없이 일정한 이유가 여기에 있다.

자, 여기까지 왔으니 우리는 자석의 원리를 어느 정도 이해할 수 있게 되었다. 원자 수준에서 어떤 식으로 자성이 발

* 지금은 이런 실험을 시도하면 안 된다. 고속으로 달리는 철길 위에 이물질이 놓이면, 자칫 많은 사람의 생명을 다치게 하는 사고로 이어질 수 있기 때문이다.

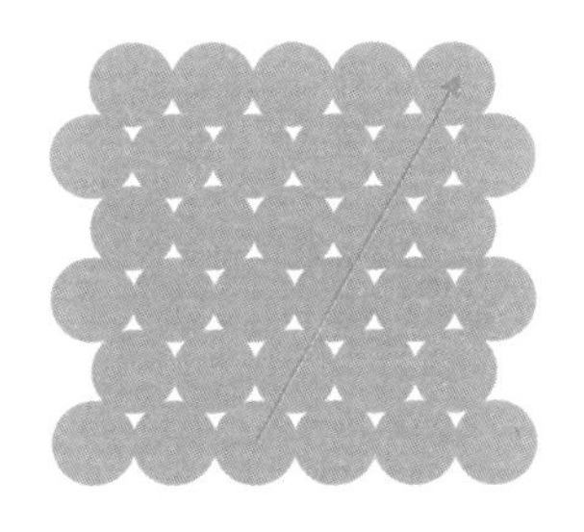
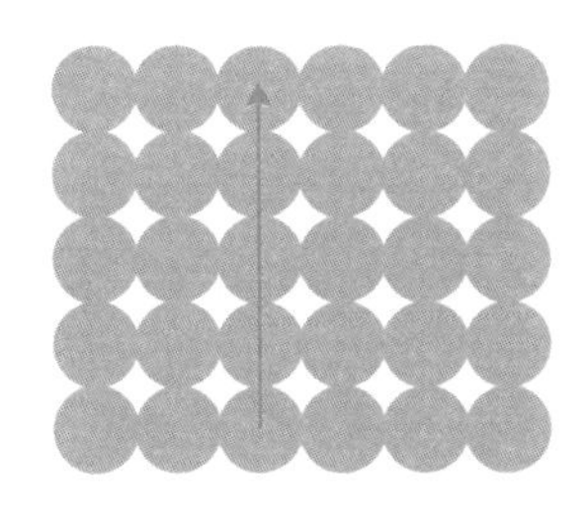

그림34 결정이방성의 원인. 결정성의 방향을 분홍색 화살표로 나타냈다. 쌓는 방법에 따라 결정성 방향이 바뀔 수 있다.

현되는지, 그리고 그러한 원자들이 모였을 때 스핀이 어떻게 정렬될 수 있는지 알아보았다. 또한 자석의 N극과 S극을 어떻게 고정시킬 수 있는지도 알게 되었다. 이쯤에서, "그럼 이런 원리를 이용하면 나도 강한 자석을 한번 만들어 볼 수 있지 않을까?"라는 생각을 해볼 수도 있겠다. 실제로 그런 생각을 하는 사람들이 꾸준히 있었고, 그 덕분에 점점 센 자석들이 개발되어 왔다. 그럼 인류는 자철석 이후에 어떤 자석을 만들어왔는지 그 역사를 알아보자.[13]

인류는 어떤 자석을 만들어 왔을까

기원전 양치기 목동이 발견한 자철석은 꽤 오랫동안 자석의 재료로 사용되었다. 자석에 대한 지식이 부족했던 시기에는 새로운 자석을 만들기보다는 자연에 존재하는 광물을 주로 사용해왔다. 그러다가 20세기 초에 물질을 합성하는 방법을 이용하여 페라이트Ferrite 자석을 개발하게 된다. 페라이트 자석은 자연에 존재하는 마그네토플룸바이트(철과 납, 그리고 산소가 합성된 광물)라는 광물에서 납을 다른 원소로 치환한 자석인데, 준강자성체(이웃한 스핀이 반평행이지만, 크기가 달라서 자석과 같이 보이는 물질)라서 아주 강한 자석은 아니다. 흔히 쓰이는 것은 바륨(Ba)을 첨가한 페라이트 혹은 스트론튬(Sr)을 첨가한 페라이트 등이며, 세기는 작지만 가격이 저렴하고 수백 도 이상의 높은 온도에서도 자성을 유지하기 때문에 지금도 많이 사용된다.

1930년대에 들어서면서 알니코Alnico 자석이 개발되었고, 이로 인해 자석의 세기가 크게 증가하였다. 알니코는 철(Fe)에 알루미늄(Al), 니켈(Ni), 코발트(Co)를 섞어서 만든 합금인데, 알루미늄, 니켈, 코발트의 원소 기호를 붙여서 AlNiCo라고 이름 지었다[철의 이름은 빠져 있지만 사실 철의 함유량이 제일 높다. 철 입장에서는 좀 서운할 만도 하겠다!]. 알니코 자석은 N극과 S극을 고정시키기 위해서 앞서 설명한 '형상이방성'을 이용하는데, 그런 이유로 길쭉하게 생겼다. 어렸을 때 흔히 보았던 빨간색과 파란색으로 N극과 S극을 표시한 막대자석이나 말굽자석은 주로 알니코로 만들어진다. 그런데 생각해보면 1930년대는 아직 양자역학이 제대로 정립되기도 전이고, 원자 자석의 배열을 볼 수 있는 도구도 없던 시절이었다. 그러니 알니코는 앞서 설명한 자석의 원리를 이해한 상태에서 만든 것이라기보다는, 무수한 실패를 거치면서 갖은 노력으로 만들어낸 발명품이라 보는 편이 맞겠다.

1960년대에 들어서면서 양자역학 개념이 정착되고, 자석의 원리에 대한 이해가 깊어지면서, 철, 코발트, 니켈 등과 희토류를 합성하면 강한 자석이 될 것이라는 예측이 등장하였다. 그 배경에는 앞서 보았던 '결정이방성'에 대한 이해가 있었다. 기존 알니코 자석 등에서 사용되던 철, 코발트, 니켈은 자석의 세기 자체는 강하지만, N극과 S극을 고정시킬 수 있는 방법이 없었다. 그래서 모양을 길쭉하게 만들 수밖에 없었는데, 희토류를 첨가하게 되면 희토류가 결정의 방향을 고정시키는 역할을 한다는 사실을 깨닫게 된 것이다. 즉 이제는 길쭉한 모양이 아니더라도 N극과 S극이 고정된 자석을 만들 수 있는 것이다. 그렇게 개발된 것이 코발트(Co)와 사마륨(Sm)을 섞은 자석인데, 세기가 엄청나게 강해 기존의 모든 자석들을 교체해 나갔다. 자석의 세기가 강해진 이유는 바로 형상이방성 대신 '결정이방성'을 사용했기 때문이다(사마륨이 결정이방성을 준다.). 그런데 이 자석에는 큰 결함이 한 가지 있었는데, 그것은 바로 철이 아닌 코발트가 주재료라는 점이다. 코발트는 강자성체이긴 하지만, 지각 속 함유량이 0.003% 미만으로 아주 적고, 더군다나 가장 많은 양의 코발트 생산국이 정치적 상황이 불안정한 콩고민주공화국이기 때문에 가격이 비쌌다. 그래서 좀 더 값싼 자석을 만들기 위한 연구가 계속 진행되었다.

1970년대에 접어들면서 값싼 자석을 만들고자 하는 시도가 이어졌고, 이때 홀로 자석 개발에 몰두한 사람이 있었으니, 바로 마사토 사가와Masato Sagawa라는 일본인이었다.[14] 사가와는 일본의 도쿠시마라는 시골 출신으로 고베대학교와 도호쿠대학교 대학원을 졸업하고 1970년대 초 후지쯔라는 회사에 취직하였다. 박사학위를 받기까지 학교에서는 자석을 연구하지 않았지만, 회사 프로젝트로 자성 재료에 대한 연구가 본인에게 주어졌고, 이때부터 본격적인 자석 연구를 시작하였다. 본인의 전공 분야가 아니었기 때문에 처음에는 자신이 없었지만, 하면 할수록 자석에 대한 연구가 재미있어져서 밤낮으로 연구에 몰두했다고 한다. 사가와가 착안한 아이디어는 간단했다. "*코발트가 비싸서 경제성이 없으므로, 값싼 철을 이용해서 강한 자석을 만들어야 한다! 그리고 철 자체만으로는 N극, S극 방향을 고정시킬 수 없으므로, 희토류인 네오디뮴(Nd)을 섞어서 방향을 고정시키자!*"

아이디어는 간단했지만, 이러한 시도는 그리 환영받지 못했다. 왜냐하면 철을 이용해서는 코발트-사마륨 자석을 뛰어넘는 더 강한 자석을 만들지 못한다는 것이 당대의 상식이었기 때문이다. 배울 만큼 배운 사람들은 철을 이용해서 강한 자석을 만들려는 시도를 하지 않았다. 이때 사가와가 가졌던 생각은 어찌 보면 단순했다. "*왜 안 되는가? 안 된다면 거기에는 이유가 있을 것이 아닌가?*" 그러다가 학회에서 만난 한 교수의 강연에서 그 이유를 알게 된다. 당시 도호쿠 대학에 교수로 있던 하마노 교수는 철과 네오디뮴을 섞어서 강한 자석이 될 수 없는 이유를 "*철의 원자와 원자가 너무 가깝기 때문*"으로 설명했고, 사실이 그러했다. 앞서 교환 상호 작용에서도 보았듯이, 원자와 원자 사이 간격에 따라 궤도 겹침의 효과가 달라져 스핀의 정렬에 영향을 준다. 안 되는 이유를 알았으니, 해결책도 나온 것이나 다름없었다. "*원자 사이*

의 간격을 늘리면 된다!" 이에 사가와는 붕소(B)라는 아주 가벼운 원소를 넣어서 원자 사이 간격을 늘리고자 한다. 그리고 수년간의 연구 끝에 강한 자석이 되는 네오디뮴, 철, 붕소의 비율을 알아냈고(정확히는 네오디뮴:철:붕소의 비율이 2:14:1이다), 그렇게 만들어낸 것이 바로 지금 널리 사용되고 있는 네오디뮴 자석이다. 이때가 1982년이었다.

네오디뮴 자석은 현재까지 인류가 만들어낸 가장 강하고 값이 싼 자석이지만, 그렇다고 만능은 아니다. 네오디뮴 자석이 가진 가장 큰 문제는, 고온에서 자성이 사라진다는 점이다. 네오디뮴 자석은 대략 섭씨 200도 정도가 되면 자성이 사라진다(즉 퀴리온도가 200도 정도이다). 이것은 상당히 치명적인 결함인데, 왜냐하면 전기자동차에 네오디뮴 자석을 넣을 수 없기 때문이다. 최근 등장하고 있는 전기자동차에서는 모터를 구동하기 위해서 반드시 자석이 필요한데, 모터가 고속으로 회전할 때 엄청난 열이 발생하고, 이때 자석이 고열을 견디지 못하면 효율이 급격히 떨어지게 된다. 이 문제를 해결하기 위해 네오디뮴 자석에 희토류인 디스프로슘(Dy)을 조금 첨가하는데, 디스프로슘은 희귀한 물질이라 자원 전쟁이 일어나곤 한다. 따라서 강하면서 값이 싸고, 고온에서도 견딜 수 있는 그런 자석이 개발된다면 기존 자석의 상당 부분을 대체할 수 있을 것으로 생각된다.

모터 얘기가 나온 김에 모터에서 열이 나는 이유에 대해서도 좀 더 알아보자. 그 이유는 바로 패러데이의 전자기 유도 현상 때문이다. 모터에 달린 자석이 고속으로 움직이면 패러데이 법칙에 의해서 전류가 생기며, 그 전류가 흐르면서 열이 발생하게 된다. 이런 전류를 와전류 또는 맴돌이전류라고 한다. 이 전류에 의해 발생하는 열은 상당히 강력해서, 실제로 금속을 녹일 수도 있을 정도이다. 그러므로 자동차를 운행하면 모터에서 열이 나기 때문에, 자동차에는 냉각 장치가 필수적이다. 자동차 모터에는 이러한 열이 방해가 되지만, 이 열을 이용할 수도 있다. 이를 이용하는 대표적인 도구로는, 최근 등장하여 가스레인지를 대체하여 주방에서 사용되고 있는 인덕션을 들 수 있다. 인덕션의 원리는 코일에 전류를 흘려서 자기장을 발생시키고, 발생한 자기장이 전용 용기에 맴돌이전류를 발생시켜서 이를 통해 열을 발생시키는 것이다. 그 때문에 전용 용기가 아니라면 전자기 유도가 일어나지 않아서 전혀 뜨거워지지 않는 신기한 가열 기구이다.

CHAPTER 5

자석을 재발견하다

지금까지 자석의 기원과 근원에서 출발하여, "어떻게 하면 더 강한 자석을 만들 수 있을까?"라는 질문에 이르는 여정을 거쳤다. 이제 어느 정도 자석을 이해한 것도 같고, "이 정도면 충분하지 않을까?"라는 생각이 들기도 한다. 그러나 대개의 세상 일이 그렇듯이, 모든 것을 이해했고 이것으로 이제 끝인가 생각하는 순간 진짜 새로운 시작이 다가온다. 물리학의 역사를 보라. 뉴턴 역학과 맥스웰 전자기학으로 세상의 모든 것이 이해되었다고 생각했을 때, 상대성이론과 양자역학이 등장하지 않았던가. 그래서 항상 알면 알수록 겸손해야 하는 것일지도 모른다.

자석의 역사도 마찬가지이다. 자석의 원리를 완전히 이해했다고 생각했던 1980년대에, 새로운 발견과 함께 자석 연구는 전혀 새로운 방향으로 나아가게 된다. 바야흐로 자석의 재발견이라 할 수 있겠다. 그 변화의 출발점은 바로 인공격자였다. 인공격자란 원자를 하나하나 쌓아 만든 인공적인 격자 구조를 의미한다.

원자를 층층이 쌓아 인공 자석을 만들 수 있을까

지금까지 알아본 것처럼, 결국 자석을 결정하는 핵심은 원자가 모여 물질이 될 때 발생하는 원자와 원자 사이의 교환 상호 작용이며, 이러한 교환 상호 작용을 결정하는 중요한 요소는 원자와 원자 사이의 거리이다(교환 상호 작용이 궤도의 겹침에 의해서 나타나니까.). 그렇다면 만약 우리가 원자를 하나하나 집게로 집어서 제어할 수 있다면 원자 사이 거리를 더욱 효율적으로 제어할 수 있을 것이고, 더욱 극적으로 강한 자석을 만드는 것도 가능할 것 같다. 1980년대에 드디어 이러한 시대가 도래하게 된다.

1980년대에 접어들면서 나노 기술이 급속히 발달하기 시작하였다. 나노 기술이란 말 그대로 나노 크기(1나노미터

=10^{-9}m)의 소자를 만들 수 있는 기술이다. 나노미터 크기의 소자를 만든다는 것은, 원자를 한 층씩 쌓는 기술이 가능하게 되었다는 뜻이다. 다시 말해 원자 하나하나를 제어할 수 있는 시대가 도래하였다. 그러고 보니, 네오디뮴 자석과 비슷한 방식의 시도가 가능해졌다. 네오디뮴 자석은 붕소를 섞어서 원자와 원자 사이의 간격을 늘렸지만, 원자를 한 층 한 층 쌓아 올릴 수 있다면, 우리 마음대로 원자 사이 간격을 조절할 수 있다는 의미가 된다. 원하는 대로 교환 상호 작용을 바꿀 수 있는 것이다! 정말로 그게 가능할까?

원자 사이의 거리를 조절하면 우리가 원하는 자석을 만들 수 있을 것이란 아이디어를 기반으로 여러 연구 그룹에서 인공격자를 만들기 시작한다. 인공격자란 서로 다른 원자들을 한 층 한 층 쌓음으로써, 전혀 새로운 성질을 가진 물질을 만들고자 하는 것이다. 즉 첫 번째 층은 A라는 원자, 두 번째 층은 B라는 원자, 세 번째 층은 C라는 원자를 쌓아 새로운 형태의 물질을 만드는 것이다. 그러면 원자 간격이나 종류도 마음대로 바꿀 수 있고, 그에 따라 교환 상호 작용도 바뀌고, 자석의 특성도 바뀌게 될 것이다. 이런 시도 끝에 사람들이 발견한 재미있는 현상이 바로 층간 교환 결합interlayer exchange coupling이다.

층간 교환 결합 현상을 간단히 설명하자면 **그림35**와 같다. 철과 같은 자성 물질 사이에 비자성 물질을 삽입한다. 그러면 아래층과 위층 철 원자 사이 간격이 벌어지면서, 교환 상호 작용 크기가 바뀌게 될 것이다. 그런데 실험을 해 봤더니, 철과 철 사이에 비자성 원자를 얇게 삽입하면, 자성층 두 개의 N-S극이 같은 방향으로 향하는데, 조금 더 두껍게 삽입하면, 자성층 두 개의 N-S극은 반대 방향이 된다. 여기에 비자성 원자를 조금 더 넣어서 더 두껍게 만들면, 다시 두 개의

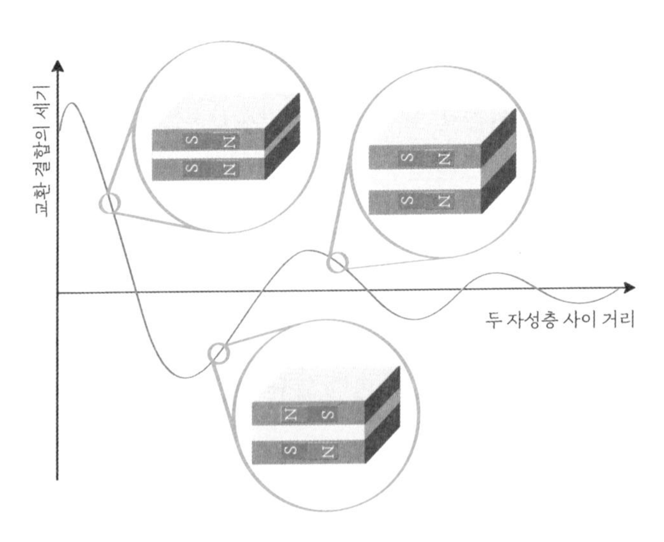

그림35 층간 교환 결합 현상

자성층은 N-S극이 같은 방향으로 향하게 된다. 즉 자성층 두 개의 자극 방향은 삽입한 비자성층의 두께가 두꺼워짐에 따라(두 자성층 사이 간격이 멀어짐에 따라) 평행과 반평행을 계속 반복하게 된다. 이러한 현상을 층간 교환 결합 현상이라고 한다. 이 현상을 어떻게 이해할 수 있을까?

언뜻 보면 이 현상은 쉽게 이해되지 않는다. 아래층과 위층의 자성층이 서로 '상호 작용'하기에는 간격이 너무 멀기 때문이다. 자성층과 자성층 사이에 비자성 원자 여러 층을 삽입했으므로, 두 자성층 원자의 궤도가 겹칠 수는 없고, 따라서 교환 상호 작용이 발생할 수도 없다. 거리가 멀어져서 서로 겹치지 않는데, 도대체 어떻게 상호 작용을 할 수 있을까?

이것은 우리 사회를 대입해서 생각해보면 금방 이해할 수 있다. 생각해 보자. 친구들이 서로 멀리 떨어져 있다고 해서 상호 작용을 하지 않는 것은 아니다. 우리는 함께하지 않아도 매일 누군가와 상호 작용을 하면서 살고 있다. 어떻게 그런 일이 가능한가? '매개자'나 '매개체'가 있기 때문이다. 누군가가 매개해 준다면, 멀리 떨어져 있는 사이끼리도 서로 상호 작용하고, 서로에게 영향을 줄 수 있다. 우편 배달, 택배 배달을 하는 분들이 매개자 역할을 하고 있고, 핸드폰이 매개체 역할을 하고 있다. 그래서 우리는 멀리 떨어진 친구에게도 쉽게 영향을 미칠 수 있다.

자석도 마찬가지다. 두 자성층이 비록 떨어져 있지만, 두 자성층 사이에는 다른 원자가 존재한다. 따라서 그 원자를 통해서 상호 작용하면 된다. 어떻게 그게 가능할까?

물질 내부에는 '전도 전자'가 있다. 전도 전자란 원자에 속박되어 있지 않고 마음대로 돌아다니는 전자이다. '전류가 흐른다'는 건, 이런 전도 전자가 움직인다는 뜻이다. 따라서 전기가 흐르는 물질에는 항상 이러한 전도 전자가 존재한다 (도체, 부도체를 나누는 기준은 전도 전자가 있느냐, 없느냐이다). 이렇게 보면 상황은 간단해진다. 두 자성층 사이에 끼여 있는 물질 속을 움직이는 전도 전자가 매개체로서 안부를 전해주면 되는 것이다!

물리적으로 다시 얘기하자면, 아래층에 있는 전자의 스핀과 중간층 전도 전자의 스핀이 서로 교환 상호 작용을 한다. 그러면 전도 전자는 아래층 전자의 교환 상호 작용을 받고 나서 위층으로 간 후, 위층의 전자와 다시 교환 상호 작용을 한다. 이렇게 아래층의 정보가 위층으로 전달되는 것이다. 이것을 물리 용어로 'RKKY 상호 작용'이라고 하는데, RKKY는 이 이론을 개발한 이론가 네 명의 이름(Ruderman – Kittel – Kasuya – Yosida)에서 따온 것이다.

앞서 설명한 대로 인공 격자는 원자 단위에서 물질을 하나하나 제어하는 것이고, 이런 구조에서 층간 교환 결합을 확인했으니, 이제 두 층 사이 거리를 잘 조절하면 아주 작은 크기의 재미있는 자석을 만들 수 있을 것 같다. 실제로 많은 연구자들이 이런 생각을 가지고 연구를 진행해왔다. 그런데...

자석에 전류를 흘리면

과학사에서 혁명적인 발견은 대개 사소한 질문에서 출발하는 경우가 많다. 그렇기에 우리는 끊임없이 질문해야 하며, 어떤 질문도 쉽게 무시해서는 안 된다. 앞에서 설명한 층간 교환 결합 현상이 등장하면서 많은 과학자들이 '더 강한 결합'을 찾으려 노력했다. 이런 조류 속에서, 프랑스의 물리학자 알베르 페르Albert Fert, 1938~와 독일의 물리학자 페터 그륀베르크Peter Grünberg, 1939~2018는 조금 다른 생각을 하게 된다.

"두 자성층의 N-S극 방향(스핀 방향)이 평행이 되었다가 반평행이 되었다가 한단 말이지? 그렇다면 여기(자석)에 전류를 흘리면 어떻게 될까?"

듣고 나면 누구나 생각할 수 있을 것 같지만, 그전까지는 아무도 생각하지 못했던 질문이었다. 여기에는 큰 의미가 담겨 있는데, 바로 진정한 전기와 자기의 결합에 대한 질문이라는 점에서 그렇다. 생각해보면, 전기와 자기는 같은 입자에서 나오고 그 본성이 같은데도 우리는 경험적으로 전기와 자기를 다른 것으로 생각한다. 전기 제품은 전기만 사용한다고 생각하고, 자석은 자기만 사용한다고 생각한다. 그렇다면 이 둘을 결합하면 어떻게 되는가? 이것이 바로 "자석에 전류를 흘리면 어떻게 될까?"라는 질문이다.

전류는 전자의 움직임이고, 자석이 전자의 회전에서 나온다면, 자석에 전류를 흘린다는 의미는 **그림36**과 같이 전자가 회전하면서 움직이는 상황, 즉 스핀의 흐름을 말하는 것이다. 페르와 그륀베르크의 질문은 스핀의 흐름에 대한 질문이

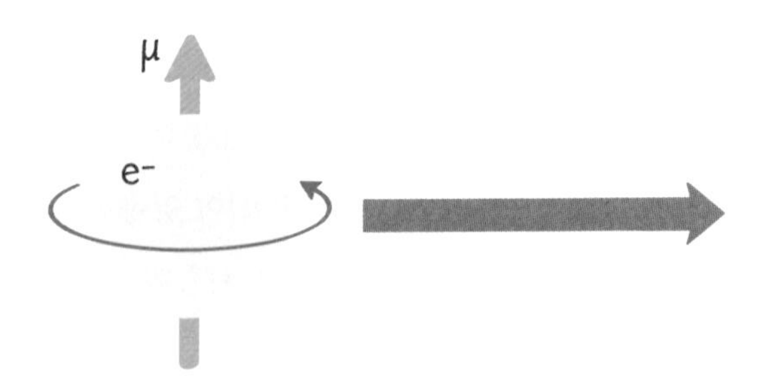

그림36 스핀트로닉스의 질문. 스핀을 가진 전자가 움직이면?

었고, 곧 새로운 학문을 탄생시킨다. 바로 내가 연구하고 있는 '스핀트로닉스Spintronics'라는 학문이다.

생각해 보면 참 이상한 일인데, 스핀이 존재한다는 사실은 이미 1920년대에 널리 알려졌다(3장의 슈테른-게를라흐 실험 참조). 전류는 전자의 흐름이므로 이미 스핀의 흐름이 존재해야 한다는 사실도 알려져 있었다. 그런데 왜 사람들은 20세기 후반이 되어서야 비로소 스핀의 흐름에 관심을 가지게 되었을까?

그림37에서 세 개의 전자가 물질 왼쪽으로 들어가서 오른쪽으로 나간다고 하자. 일반적으로 전자가 물질 속을 이동할 때에는 원자들에 부딪혀서 산란이 일어난다. 그런데 산란이 일어나더라도 전자의 개수 자체는 바뀌지 않는다(세 개가 들어갔으면 나오는 것도 세 개여야 한다.). 이것이 전류 보존 법칙이다. 흐름을 얘기하기 위해서는 반드시 보존 법칙이 성립

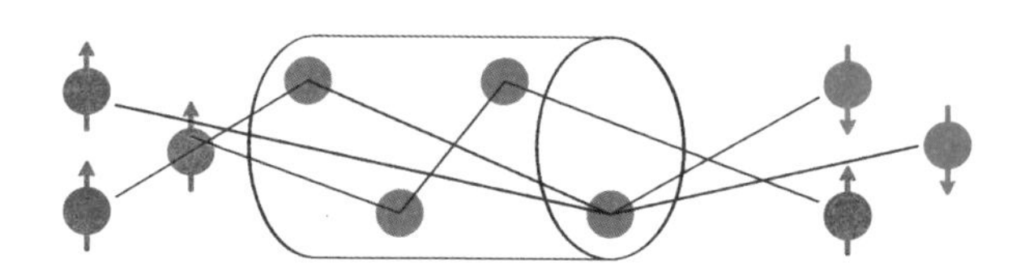

그림37 산란에 의한 스핀 플립(spin-flip) 현상

해야 한다(생각해 보자, 물이 흐르다가 사라져 버린다면 '물의 흐름'은 정의할 수 없다.).

그런데 스핀은 얘기가 다르다. 물질 속에서 전자가 원자에 부딪혀서 산란될 때 스핀의 방향도 바뀌게 되는데, 그 결과 나오는 스핀의 방향은 일정치 않아서 up-스핀도 되고 down-스핀도 된다. 3개의 up-스핀을 넣었다 하더라도 그 결과 나오는 스핀의 숫자는 그때그때 바뀌는 것이다. 결국 up-스핀의 개수가 보존되지 않으므로 '흐름'을 정의하기 어렵다. 그래서 '스핀의 흐름'을 제대로 연구할 수 없었다. 1980년대가 되어 나노 기술이 등장할 때까지 말이다.

그림37에서 본 전자의 산란을 좀 더 깊이 생각해 보자. 전자가 물질 속을 이동하게 되면 '특정 거리'를 이동한 후 부딪혀서 스핀의 방향이 바뀌게 된다. 이 특정 거리보다 작은 소자를 만들 수 있다면 그 거리 안에서는 스핀의 방향이 바뀌지 않고 보존될 것이다. 이동하다 부딪혀서 스핀의 방향이 바뀌는 특정 거리를 전문 용어로 '스핀 감쇄 길이spin diffusion length'라고 부르는데, 대개 원자 몇 개에서 몇십 개 정도의 길이가 된다. 즉 전자는 원자 몇십 개 정도를 지난 후에 부딪혀서 스핀의 방향이 바뀐다는 뜻이다. 따라서 부딪히는 거리보다 더 작은 소자를 만들면 그 소자의 내부에서는 스핀의 개

수가 보존이 된다. 이렇게 스핀의 개수를 보존할 수 있게 되면서, 스핀의 흐름을 정의하는 것도 가능해졌다. 1980년대에 나노 기술이 등장하고 나서의 일이다.

페르와 그륀베르크의 질문은 전혀 예상치 못한 놀라운 결과를 가져오게 된다. 실제로 인공 격자 구조에 전류를 흘렸더니, 두 자성층이 평행인 경우에는 저항이 아주 작고, 반평행인 경우에는 저항이 아주 커지는 거대 자기 저항 효과GMR, Giant Magnetoresistance가 발견된 것이다.[15] 여기서 '거대'라는 말이 붙은 이유는, 그 저항 차이가 아주아주 컸기 때문이다. 왜 그런 것일까?

우리는 학교 다닐 때 옴의 법칙에 대해서 배운 적이 있다. V=IR로 표현되는 옴의 법칙에서, V는 전압, I는 전류, R은 저항이다. 즉 회로에 전압을 걸어주면 전류가 흐르는데, 저항이 작으면 전류가 많이 흐르고, 저항이 크면 전류가 작게 흐른다는 법칙이다. 이때 저항이란 말 그대로 전류를 방해하는 것이다. 전류는 전자의 흐름이니, 결국 전자가 잘 이동해가면 저항이 작은 것이고, 전자가 잘 이동하지 못하면 저항이 큰 것이다. 이렇게 정의되는 저항이 왜 두 자성층의 방향에 의존하게 되는 것일까?

그림38의 실험에서는 동일한 두 자성층을 사용하였다.

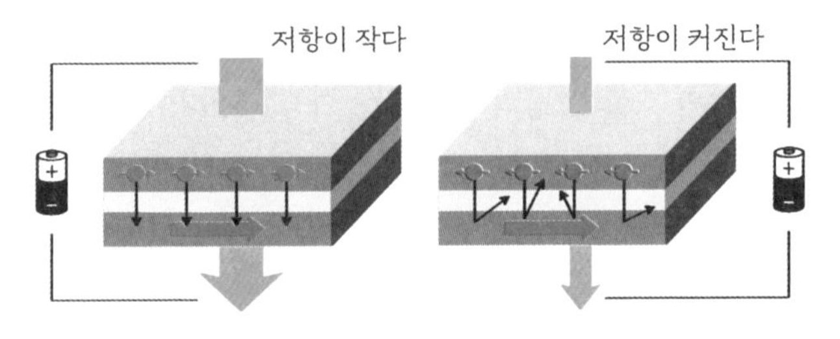

그림38 거대 자기 저항 효과

동일한 물질이므로 물질 내부에서 전자의 흐름도 같고, 저항의 크기도 같아야 한다. 물론 스핀이라는 개념을 생각하기 전까지는 말이다.

그러나 스핀을 고려하게 되면 이야기가 달라진다. 이동하는 전자는 모두 스핀을 가지고 있으니, **그림38**의 왼쪽 그림과 같이 두 층의 스핀 방향이 같으면 두 층 사이를 잘 오갈 것이다. 그러나 오른쪽 그림처럼 두 층의 스핀 방향이 반대가 되면, 이동하던 전자는 스핀이 다르기 때문에 들어가지 못하고 반사된다. 전자가 잘 통과하지 못하고 반사가 되면 저항이 커진다는 것이므로, 오른쪽과 같이 반평행할 때 저항이 엄청나게 커지게 된다. 이것이 바로 '거대 자기 저항' 효과이다. 즉 움직이는 전자가 스핀을 가지고 있다고 생각하면 상황을 설명할 수 있다.

두 가지 언급해야 할 사실이 있다. 앞서 보았던 파울리 배타원리에 따르면, 같은 스핀의 전자는 같은 상태에 들어갈 수 없으므로, 왼쪽 그림에서는 전자가 더 이동하기 어려울 것이라 생각할 수도 있다. 그러나 이것은 잘못된 생각이다. 움직이고 있는 전자는 '전도 전자'이고, 이러한 전자는 원자에 속박되어 궤도를 돌고 있는 전자가 아니기 때문이다. 또 하나 언급해야 할 점은, 두 자성층 사이가 아주 가까워야 거대 자기 저항 효과를 볼 수 있다. 앞서 보았듯이 스핀의 흐름은 아주 짧은 거리에서만 보존된다. 따라서 두 자성층 사이에 끼워 넣은 층의 두께가 두꺼워지면, 전자가 지나가다가 부딪히면서 스핀의 정보를 잃어버리기 때문에 다른 층으로 넘어갔을 때에 효과적으로 저항 차이가 발생하기 어렵다. 즉 거대 자기 저항 효과는 아주 짧은 거리에서 스핀의 정보가 보존되고, 그 흐름이 정의되는 상황에서만 나오는 새로운 효과이다. 이 발견이 1980년대가 되어서야 나오게 된 데에는 이런 이유가 있다.

거대 자기 저항 효과가 등장하고 나서, 과학자들은 서서히 '전류를 흘릴 때 전자의 스핀이 중요한 역할을 한다'는 사실을 깨닫게 된다. 이제 자석이 아닌, 좀 더 근본적인 전자의 스핀 그 자체를 연구하는 시대에 접어든 것이다. 이것이 1988년, 서울 올림픽이 열렸던 바로 그해의 일이다.

전류로 자석의 방향을 바꿀 수 있을까

거대 자기 저항 효과의 등장 같은 새로운 발견은 항상 과학자들을 흥분시킨다. 그리고 그 현상을 더 깊이 연구하고자 하는 조류가 생겨난다. "*거대 자기 저항이 나타나는 두께에 한계가 있는가?*", "*다른 물질을 접합시키면 거대 자기 저항이 더 커지지 않을까?*", "*소자를 좀 더 잘 만들면 저항 차이가 더 커지지 않을까?*", "*이 현상을 어디에 이용할 수 있을까?*" 이런 질문들 하나하나가 연구 주제가 되고, 이 현상을 연구하는 과학자들이 점점 더 늘어난다. 그러던 중, 슬론제스키J. C. Slonczewski, 1929~2019와 베르제L. Berger, 1933~라는 두 명의 이론물리학자가 단순하지만, 아주 혁신적인 생각을 하게 된다.[16]

"*자석의 방향이 전류의 흐름에 영향을 주고 있다. 그렇다면 전류의 흐름도 자석의 방향에 영향을 주어야 하는 것이 아닐까?*"

뉴턴의 제3법칙(작용과 반작용)을 배운 사람이라면 누구나 생각해 볼 수 있는 질문이지만, 그 누구도 이런 질문을 하지 못했다. 이 단순한 질문을 해결하기 위한 실험들이 곧 착수되었고, 이 가설이 맞다는 증거가 속속 발견된다.[17] **그림39**

에 이 현상을 간단하게 나타내었다. 앞에서 보았던 인공 격자 구조를 옆으로 눕혀 놓은 구조가 되겠다. 그리고 이 구조에 왼쪽으로 전류를 흘린다. 전류와 전자의 이동 방향은 반대이므로, 전자는 오른쪽으로 이동하게 된다. 첫 번째 자성층은 아래쪽으로 향하는 파란색 화살표로 표현되어 있다. 즉 자석의 방향이 아래를 향하고 있고, 근본적으로는 원자 속의 전자 스핀이 아래쪽을 향하고 있다. 자성의 원인은 전자의 스핀이니까. 그러니 첫 번째 자성층을 나와서 흐르는 전자는 모두 아래 방향의 스핀을 가지고 있을 것이라고 예상할 수 있다. 이 전자가 두 번째 자성층으로 들어간다. 재미있게도 두 번째 자성층을 나온 전자의 스핀은 모두 위쪽(빨간색)을 향해 있어야 한다. 왜냐하면 두 번째 자성층에 있는 전자들의 스핀 방향은 모두 위쪽 방향일 테니까. 여기에서 우리가 알 수 있는

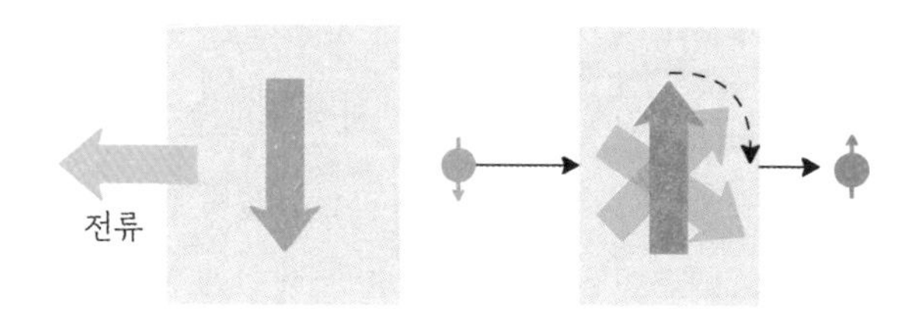

그림39 스핀 전달 토크

사실은, 두 번째 자성층에 들어간 파란색 스핀의 전자는 내부에서 반 바퀴 회전한 다음에 빨간색 스핀이 되어서 나왔다는 것이다.

가만히 생각해보면 이 과정은 조금 이상하다. 파란색 스핀의 전자가 들어가서 빨간색 스핀의 전자가 나왔으니, 그 중간에서 무슨 일이 벌어졌다는 것이다. 예를 들어, 들어갈 때는 주머니에 500원이 있었는데, 나와서 보니 100원이 남아 있다면, 그 중간에 400원을 누군가에게 주고 나왔다는 뜻이다(돈이 사라지지 않는다는 가정하에 말이다.). 그렇다면 그 400원은 중간에 있는 무언가에 영향을 주어야 한다. 작용과 반작용을 생각해보면, 이 상황이 더 잘 이해된다. 바람이 없는 날 고요한 강물에 보트를 띄워 움직이려면, 반드시 노를 저어야 한다. 즉 물을 뒤쪽으로 보내야만 내가 앞으로 나아갈 수 있다. 로켓도 마찬가지다. 연료를 뒤로 분사해야 로켓이 앞으로 나아갈 수 있는 것이다. **그림39**에서 파란색 스핀이 반 바퀴 돌기 위해서는 거기에 있던 어떤 것을 반대 방향으로 밀어야만 한다. 결국 반작용으로 인해 두 번째 자성층에 있는 다른 스핀(붉은색 큰 화살표)이 반대로 돌아간다. 다시 말해 전류를 왼쪽으로 흘리게 되면, 전자는 오른쪽으로 진행하게 되고, 첫 번째 자성층을 나온 전자의 스핀이 두 번째 자성층에 들어가서 방향을 바꾸게 되면, 그 반작용으로 두 번째 자성층 자체가 방향을 바꾸게 된다. 이런 현상을 스핀 전달 토크Spin Transfer Torque라고 한다(말 그대로 움직이는 전자가 스핀을 전달해서 토크(회전력)를 가했다고 하여 붙여진 이름이다.). 즉 정말로 전류의 흐름이 자석의 방향에 영향을 주고 있었다.

한 가지 주의할 점은 **그림39**에서는 하나의 전자가 들어가서 전체 자석을 돌린 것처럼 보이지만, 실제로는 그렇지 않다. 자석 내부에는 원자가 엄청나게 많고, 그 원자 속에는 전자들이 존재하고, 그 전자가 모두 스핀을 가지고 있다. 그렇게 많은 전자 스핀을 모두 돌려야 하므로, 엄청나게 많은 전자를 넣어주어야 한다. 그렇지만 걱정할 필요는 없는 것이, 전류 자체가 이미 엄청나게 많은 전자가 이동하는 현상이다!

이러한 발견에 과학자들은 또 다시 흥분하게 된다. 신이 난 과학자들은 다양한 물질에서 이 현상을 탐구하게 된다. 또 다양한 자석에 전류를 흘려서 자석의 방향을 제어하는 기쁨을 맛보게 된다. 이때가 2000년대 초반, 그러니까 우리나라 축구 대표팀이 월드컵 4강 신화를 쓰던 시기에 벌어진 일이다.

회전하면서 앞으로 나아가면

속속 밝혀진 새로운 현상들은 모두 "*회전하고 있는 전자, 즉 스핀을 가진 전자가 움직이게 되면 어떤 일이 발생하는가?*"라는 질문에서 출발한다. 이 상황을 조금 일상적인 상황에 대입시켜 보면, 회전하는 공이 앞으로 움직일 때 나타나는 현상과 관련이 있다. 물론 스핀이란 양자역학적인 물질의 특성으로, 고전적인 공의 운동과는 다르다. 하지만 우리의 직관은 일상적인 경험에서 출발하는 것이므로, 좀 더 쉬운 이해를 위해 회전하는 공을 예로 들어 생각해보자.

TV로 야구 경기나 축구 경기를 보고 있노라면 재미있는 상황을 목격할 수 있다. 야구에서 투수의 손을 떠난 공은 직선으로 뻗어 나가기도 하지만, 움직이면서 방향이 휘는 경우가 많다(이를 변화구라고 한다.). 또한 축구 선수가 찬 공은 대부분의 경우 앞으로 가는 도중에 방향이 휘게 된다. 두 경우 모두 공에 회전을 가해서 이동시켰다는 공통점을 갖는다. 그렇다면 스핀을 가진 전자가 앞으로 이동하면 어떻게 될까?

그림40에서 보듯이 스핀을 가진 전자가 이동하면 마치 야구공이나 축구공 같이 그 방향이 휘게 된다. up-스핀을 가진 전자는 진행하면서 오른쪽으로 휘고, down-스핀을 가진

전자는 진행하면서 왼쪽으로 휜다(이렇게 휘는 방향은 물질마다 달라서, 어떤 물질은 up-스핀이 왼쪽으로 휘고 down-스핀이 오른쪽으로 휘기도 한다.). 따라서 오른쪽과 왼쪽 표면에 한 방향의 스핀을 가진 전자만이 모이는 상황이 펼쳐지게 된다. 이것을 스핀홀 효과Spin Hall effect라고 하고, 우리나라에 KTX가 개통되던 2004년에 실험적으로 증명되었다.[18] 여기서 홀 효과란 자기장 하에서 움직이는 전하가 로런츠 힘에 의해서 방향이 휘는 효과를 말하는데(2장 '자기력을 어떻게 이해해야 할까' 참조), 스핀홀 효과는 스핀 버전의 홀 효과라는 뜻이다(참고로 홀 효과 자체는 1879년 미국의 물리학자 에드윈 홀Edwin, Hall, 1855~1938이 발견하였다.).

흥미롭게도 이런 스핀홀 효과는 자석이 아닌 물질에서도 일어난다. 앞서 보았던 대로 자석은 전자의 스핀 방향이

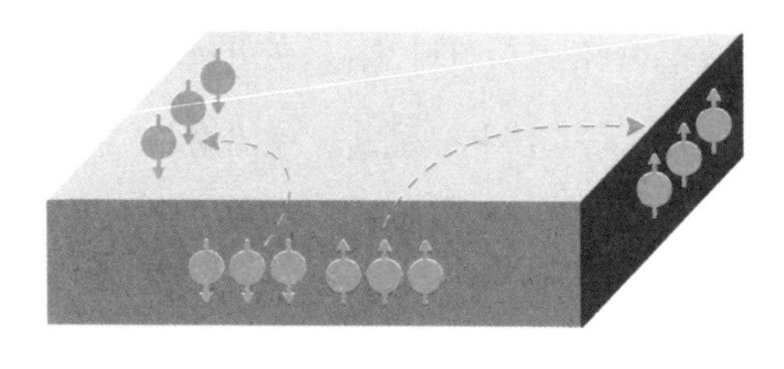

그림40 스핀홀 효과

모두 정렬되어 있는 물질이다. **그림40**을 자세히 보면 출발하는 스핀의 up-스핀과 down-스핀의 개수는 같다. 즉 스핀이 모두 같은 방향으로 정렬된 자석이 아니다. 그러나 각각의 스핀은 다른 방향으로 굽어서 양쪽 표면에서 모이게 되고, 양쪽 표면은 다른 의미의 자석이 된다. 앞서 보았던 스핀 전달 토크는 반드시 자석을 통과해야 정렬된 스핀을 얻을 수 있었지만, 스핀홀 효과는 자석이 아닌 물질에 전류만 흘리면 항상 양쪽 표면에 스핀을 모을 수 있다. 비로소 자석이 없어도 전자 스핀을 이용할 수 있는 시대, 자석 없는 자성학의 시대가 도래한 것이다!

다음으로 넘어가기 전에 스핀홀 효과를 좀 더 근사한 방법으로 다시 설명해 보자. 전자를 축구공이나 야구공에 비유하면 그럴듯하게 들리긴 하지만, 양자역학을 조금이라도 알고 있는 사람이라면 받아들이기 힘든 비유이다. 또 앞서 전자의 스핀은 원자와의 산란에 의해 방향이 바뀐다고 하였는데, 어떻게 그 방향이 유지되어서 양쪽 표면까지 가게 되는지도 의문이다. 그러니 좀 더 나은 설명을 추가하는 게 좋겠다.

전자가 물질 속을 움직이다가 충돌해서 산란되는 현상은 **그림41**과 같이 표현할 수 있다. 전자가 원자와 충돌할 때 원자에는 원자핵이 있고, 그 원자핵은 (+)이므로, 전기장이 나온다고 할 수 있다. 이때 전자가 왼쪽 방향으로 산란될 때와 오른쪽 방향으로 산란될 때 느끼는 전기장의 방향은 반대이다. 그림을 자세히 보면, 왼쪽으로 산란될 때는 전기장이 오른쪽에서 왼쪽으로 발생하고, 오른쪽으로 산란될 때는 전기장이 왼쪽에서 오른쪽으로 발생한다. 즉 움직이는 전자가 느끼는 전기장이 다르다. 앞서 전기와 자기의 근원을 다루면서 보았던 상대성이론을 떠올려보자. 우리가 멈추고 있을 때 보이는 전기장은, 움직이게 되면 자기장으로 느껴진다. 따라서 원자핵이 내뿜는 전기장은 움직이는 전자의 입장에서는 자기장으로 느껴진다. 그리고 산란 방향에 따라 전기장이 다

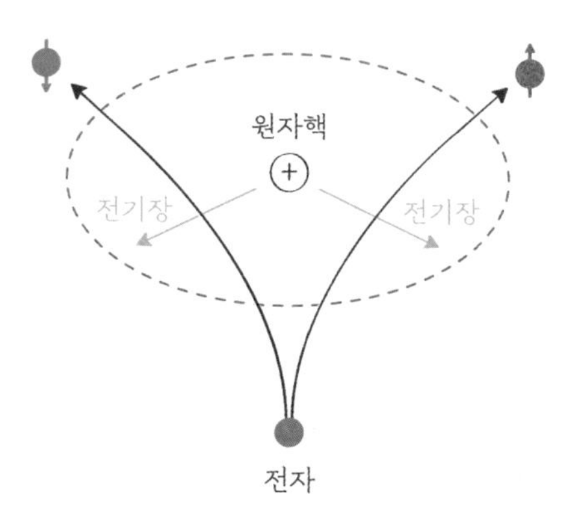

그림41 스핀홀 효과에 대한 직관적 설명

르므로, 자기장의 방향도 달라진다. 이 자기장에 전자의 스핀이 정렬하게 되는 것이 바로 스핀홀 효과이다(다른 메커니즘도 있지만, 이 정도로도 충분히 직관적으로 상황이 이해될 것이다.). 이제 여러분은 "왜 전자가 움직여서 산란이 되면 양쪽 표면에 같은 방향의 스핀이 모이는지" 이해했을 것이다.

스핀의 흐름은 어떻게 정의할까

스핀홀 현상의 발견은 기존에 없던 새로운 개념을 등장시켰다. 그것은 바로 스핀 전류Spin current라는 개념이다. 전류란 무엇인가? 전자의 이동이 전류가 아니었던가? 그렇다면 스핀의 전류란 무엇일까? 당연히 스핀의 이동이다. 다시 말해, 스핀트로닉스가 태동할 때 나왔던 근본적인 질문 "스핀이 움직이면 어떻게 될까?"에 대한 궁극적 대답이 바로 스핀 전류이다.[19]

좀 더 구체적으로 생각해보자. 우리는 보통 '전류란 전자의 흐름'이고, (-)를 가진 전하가 움직이는 것이 전류라고 생각한다. 그러나 아주 엄밀하게 얘기하면 (+)전하가 움직일 수도 있다(원자가 전자를 잃고 양이온이 된 후 움직이거나, 반도체

등에서 전자가 빠져나가서 생긴 정공hole이 움직일 때 (+)전하가 움직인다고 할 수 있다.). 그러므로 전류를 정확히 정의하려면 다음과 같다.

"*전류가 오른쪽으로 흐른다는 것은, (+)전하는 오른쪽으로 움직이고 (-)전하는 왼쪽으로 움직인다는 뜻이다*"

즉, (+)와 (-) 전하가 반대 방향으로 움직이는 것으로 전류의 방향을 정의할 수 있다(**그림42**). 똑같은 정의를 '스핀'에 대해서도 적용할 수 있다. 마침 스핀도 up-스핀과 down-스핀 두 가지가 존재하니 다음과 같이 쓸 수 있다.

"*스핀이 오른쪽으로 흐른다는 것은,* up-*스핀은 오른쪽으로 움직이고,* down-*스핀은 왼쪽으로 움직인다는 뜻이다*"

이것이 바로 스핀 전류의 정의가 된다.

말장난 같기도 한 이런 정의에 무슨 대단한 점이 있을까

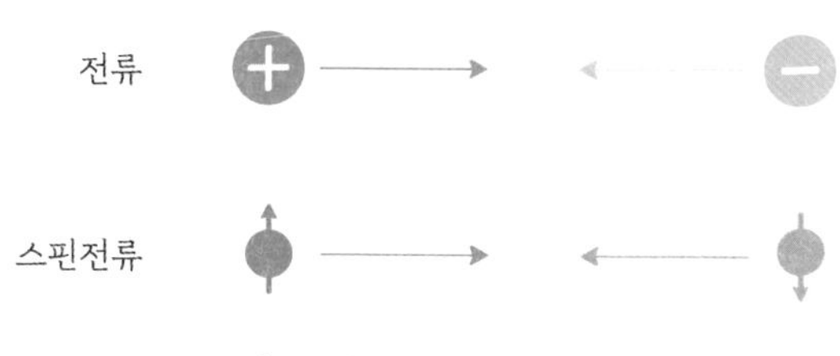

그림42 전류와 스핀 전류의 정의

싶지만, 전류와 스핀 전류 사이에는 엄청나게 큰 차이가 있다. 바로 "*스핀 전류는 열이 나지 않는다.*" 생각해 보자. 우리가 핸드폰이나 노트북을 오래 사용하면 열이 나는 걸 느낄 수 있다. 전기 제품을 사용하기 위해서는 전류가 흐르고, 전류가 흐르면 열이 발생하기 때문이다. 이때 발생하는 열을 줄열 Joule heating이라고 하는데, 정확히는 I^2R로 나타낼 수 있으며, 전류의 제곱과 저항에 비례한다. 열이 발생한다는 것은 에너지가 소모되고 있다는 뜻이니, 지구의 한정된 에너지를 생각하면 썩 좋은 상황이 아니다. 그러나 전류를 사용하는 이상, 열의 발생은 피할 수 없는 일이다. 그럼 스핀 전류는 어떨까?

그림42를 다시 보자. 스핀 전류는 up-스핀을 가진 전자는 오른쪽으로 가고, down-스핀을 가진 전자는 왼쪽으로 가는 현상이다. 스핀을 제외하고 보면, 두 개의 전자가 반대 방향으로 움직이고 있으니, 전류는 흐르지 않는다고 할 수 있다(전류가 흐르기 위해서는 모든 전자가 같은 방향으로 움직여야 하니까). 그렇지만 스핀 전류는 정의가 된다. 전류가 흐르지 않으므로 열은 발생하지 않지만, 스핀 전류의 흐름은 정의할 수 있으므로, 정보를 전달할 수 있다. 이것이 바로 스핀 전류가 가진 독특한 점이다. 더욱이 스핀 전류는 전류가 흐르지 않는 부도체에서도 정의가 되는데, 예를 들어 스핀파를 이용해서

정의할 수 있다(스핀파는 이 책의 마지막에서 설명하겠다.). 따라서 스핀 전류를 이용한다면 전류에 의한 열의 발생을 획기적으로 줄일 수 있다.

스핀 전류와 스핀홀 효과를 함께 생각하면 더욱 극적인 상황을 연출할 수 있다. **그림43**의 왼쪽 그림은 스핀홀 효과를 나타내고 있다. 전자는 남쪽에서 북쪽으로 이동하고 있으니, 전류는 북쪽에서 남쪽으로 흐른다(주의하자. 전류의 방향과 전자의 이동 방향은 반대이다.).* 이 전류에는 up-스핀을 가진 전자가 있을 수도 있고, down-스핀을 가진 전자가 있을 수도 있다. 이들은 스핀홀 효과에 의해서 반대 방향으로 휘게 된다. 그러면 up-스핀은 동쪽으로 가고, down-스핀은 서쪽으로 갈 테니, 동-서 방향의 스핀 전류가 정의된다. 즉 남-북 방향으로 전류를 흘리면, 동-서 방향으로 스핀 전류가 형성된다(스핀홀 효과 때문이다.). 그럼 남-북 방향으로 스핀 전류를 흘려보면 어떻게 될까? **그림43**의 오른쪽 그림에서 보는 것처럼 up-스핀은 북쪽에서 남쪽으로, down-스핀은 남쪽에서

* 여기에서 그림을 설명하기 위해 사용한 남쪽/북쪽/동쪽/서쪽은, 일반적인 방법으로 북쪽을 위로 하여 지도를 바닥에 펼쳐놓았을 때의 방향을 기준으로 삼아 앞쪽/뒤쪽/오른쪽/왼쪽을 대신한다. 스핀이 휘는 방향과 쉽게 구분하기 위해서이다.

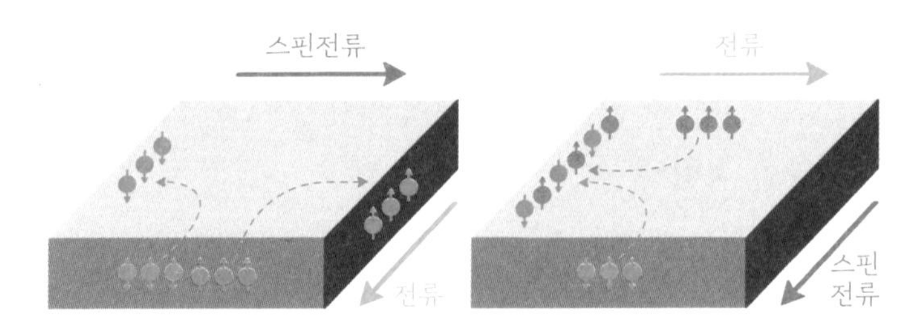

그림43 스핀홀 효과와 역스핀홀 효과

북쪽으로 움직인다고 하자. 그러면 각각의 스핀은 스핀홀 효과를 느끼게 되고, up-스핀은 오른쪽으로 휘어서 서쪽에 모이게 되고, down-스핀은 왼쪽으로 휘어서 서쪽에 모이게 된다. 즉 전자는 모두 동쪽에서 서쪽으로 움직이게 되고, 서-동 방향의 전류가 발생한다. 이것을 역스핀홀 효과Inverse Spin Hall effect라고 한다.

결국 스핀홀 현상은 전류와 스핀 전류가 얽혀 있는 현상이라고 할 수 있다. 전류는 스핀 전류를 만들고, 스핀 전류는 전류를 만든다. 이는 마치 맥스웰의 전자기 법칙에서 전기장이 자기장을 만들고, 자기장이 전기장을 만드는 것과 같다. 사실 역스핀홀 현상에는 또 하나의 큰 의미가 있는데, 바로 "역스핀홀 효과 덕분에 스핀을 쉽게 측정할 수 있게 되었다.” 전기 회로에서 우리가 일반적으로 측정하는 대상은 전압이나 전류이지, 스핀이 아니다(전압계, 전류계는 들어봤어도, 스핀계(?)는 못 들어봤을 것이다.). 스핀은 어떻게 측정할 수 있을까? 역스핀홀 현상이 스핀의 측정을 가능하게 하였다. 어떤 물질에 만일 한 방향으로의 스핀 흐름이 존재한다면, 스핀이 이동할 때에 스핀홀 현상에 의해서 옆으로 휘게 되고, 이는 곧 전류의 흐름으로 나타난다. 즉 스핀의 흐름이 있을 때에, 그 흐름과 수직한 방향의 전류 흐름을 측정함으로써 스핀의 존재를 알아낼 수 있다. 스핀 전류와 관련된 더욱 자세한 개념은, 필자가 번역한 『스핀류와 위상학적 절연체』라는 책에 더 자세히 설명되어 있다.[20]

열을 주었을 때 스핀은 어떻게 반응할까

스핀트로닉스에 대한 이야기를 시작한 이후 계속해서 ‘스핀의 흐름’에 대해서 강조하고 있다. 생각해 보면 세상에는 ‘흐름’이 참으로 많다. 하늘에는 구름도 흘러가고, 땅에는 강물도 바다로 흘러가며, 전깃줄에 있는 전류도 흘러간다. 어디 이뿐인가? 새들도 떼를 지어 날아가고, 개미도 줄을 맞춰 이동한다. 그리고 인간도 아침에 집에서 나와 학교나 직장으로 몰려가고(출근), 저녁에 다시 집으로 몰려온다(퇴근). 이런 많은 부분들이 어떠한 거대한 흐름을 만들고 있음에는 틀림없다. 그렇다면 *이런 흐름은 왜 생기는 것일까?*

구름의 흐름은 기압 차이가 발생해서 바람이 불기 때문이고, 강물의 흐름은 그것이 위치 에너지를 낮추기 때문이며, 전깃줄에 전류의 흐름은 전위차(전압)가 존재하기 때문이다. 새들이 날아가거나, 개미가 이동하는 이유는 먹이를 찾기 위함이며, 우리가 출근하는 이유는 월급을 받기 위함이다. 이 모든 흐름에는 "*자연의 등방성이 깨졌을 때 흐름이 발생한다*"는 공통점이 있다. 어디로 가든 변화가 없고 이득이 생기지 않는다면 굳이 흘러가야 할 이유가 전혀 없을 테니까.

그렇다면 이런 생각은 어떤가? "*여기 금속 막대가 하나 있다. 막대의 한쪽은 뜨겁게, 다른 한쪽은 차갑게 한다면 어떻게 되는가?*" 한쪽을 뜨겁게, 다른 쪽을 차갑게 하면 등방성이 깨졌다고 할 수 있고, 그렇다면 무언가 흐름이 생겨야 한다는 것을 직관적으로 느낄 수 있다. 그리고 사람들은 100년도 전에 이미 그 답을 알고 있었다. 온도 차이가 생기면 전류가 흐른다! 전자는 어느 방향으로든 갈 수 있지만, 뜨거운 곳이 차가운 곳보다 전자의 속도가 더 빠르므로, 전자는 평균적으로 뜨거운 곳에서 차가운 곳으로 이동하게 된다. 이것을 제벡 효과Seebeck Effect라고 한다. 이쯤 되면 내가 무슨 질문을 하려 하는지 알아차리는 눈치 빠른 독자분도 있을 것이다. "*전류가 흐른다는 것은 전자가 이동한다는 것이고, 그 전자는 스핀을 가지고 있을 텐데, 그럼 스핀의 흐름은 어떻게 되는가?*"

이런 단순한 질문을 한 사람은 일본 게이오대학교 학부 4학년에 재학 중이던 우치다K. Uchida라는 학생과 그의 지도교수인 사이토E. Saitoh였다. 이들은 이러한 궁금증을 해결하기 위해서 자석의 한쪽을 뜨겁게 해 보았고 그 결과 뜨거운 곳과 차가운 곳에는 다른 방향의 스핀이 모인다는 사실을 알아내게 된다. 즉 온도 차이를 주면 스핀 전류가 흐른다는 것

그림44 스핀 제벡 효과

이다! 이것이 2008년에 일어난 일이다.[21] 그들은 이러한 현상을 '스핀 제벡 효과Spin Seebeck Effect'라고 명명하였다. 이제는 자기장, 전류, 스핀홀 효과뿐만 아니라, 온도 차이도 스핀과 관련이 있다는 사실이 밝혀진 것이다. 이 발견은 과학자들을 더욱더 흥분시키게 되는데, 열로 버려지는 에너지마저도 스핀을 만드는 데 이용할 수 있게 되었기 때문이다. '에너지 절약'은 언제나 좋은 일이니 말이다.

물체를 회전시키면 자석이 될까

스핀트로닉스와 관련하여 마지막으로 소개할 내용은 다소 엉뚱한 내용이 되겠다. 앞에서 자석의 근원은 전자의 스핀이며, 이러한 스핀은 전자의 자전으로 이해될 수 있다고 하였다. 즉 전자가 회전하고 있기 때문에 그 축을 N-S극으로 하는 자석이 되는 것이다. 물론 스핀 자체는 양자역학적으로 이해를 해야 하지만, 스핀에 의한 물리적인 각운동량이 존재하는 것은 엄연한 사실이기 때문에 회전으로 적당히(?) 이해해 볼 수 있다. 이것을 극적으로 보여주는 실험이 바로 아인슈타인-드하스Einstein-De Hass 효과이다(아인슈타인과 드하스가 발견했다고 해서 붙여진 이름이니, 아인슈타인은 정말 못하는 게 없다.).

아인슈타인-드하스 효과는 **그림45**와 같이 설명된다.[22] 물질 내부에 원자 자석이 있지만 이들이 정렬되어 있지 않은 채로 있다고 가정하자. 이 상황에서 자석을 가져다 대면 원자 자석이 모두 같은 방향으로 정렬된다. 그러면 어떤 일이 일어날까? 정답은 물체 자체가 회전하게 된다. 앞서 스핀 전달 토크에서 보았듯이 외부 자석에 의해 원자 자석의 방향이 돌아간다면, 그 반작용으로 '뭔가 다른 것'은 반대 방향으로 돌아가야 하기 때문이다. 그 '뭔가 다른 것'이 모여서 물체 자체를

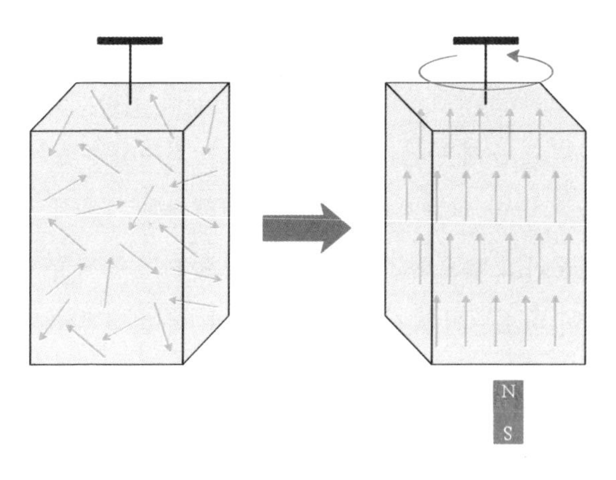

그림45 아인슈타인-드하스 효과

돌려버린다. 실제로 실에 물체를 매단 채로 자석을 가져다 대면, 물체 자체가 회전하는 것을 볼 수 있다. 이것이 아인슈타인-드하스 효과이다.

그렇다면 다시 곰곰이 생각해 보자. 원자 자석을 정렬시켰을 때 물체 자체가 돌아간다면, 그와 반대로 물체를 돌리면 원자 자석이 정렬되어야 하지 않을까? 좀 더 재미있게 표현하자면,

"*전자가 회전해서 자석이 된다면, 그냥 물체를 빠르게 돌리면 자석이 되지 않을까?*"

밥 먹다 말고 젓가락을 열심히 돌려 보자. 아! 움직임은 상대적인 것이니 젓가락을 그대로 두고 내가 돌아도 되겠다. 그럼 그 젓가락이 자석이 될 수 있을까? 다소 엉뚱하지만 이것을 확인하는 실험이 최근에 수행되었다. 물론, 사람이 돈 것은 아니고 물체를 돌리는 실험이었다. 회전하는 물체가 자석이 되는지 안 되는지를 확인하기 위해서는 기본적으로 세 명의 전문가가 필요한데, '얼마나 빨리 돌려야 측정할 만큼의 자기장이 나오는지 계산하는 이론가'와 '아주 작은 자기장을 측정할 수 있는 실험가', 그리고 '어떤 물체든 고속으로 회전시킬 수 있는 기술자'가 그들이다. 실제 2015년에 이 세 명의 전문가가 힘을 합쳐 실험을 하였고, 그 결과 "회전시키면 정

말 자석이 된다"는 사실을 발견하였다.[23] 그들이 회전시킨 물질은 가돌리늄(Gd)인데, 퀴리온도보다 높은 온도에서 실험해서 원자 자석이 무작위로 배열된 상자성체 상태였다. 상자성체 상태의 가돌리늄을 초당 1,500번 정도 회전시켰고(어마어마하게 빠르다.), 그 결과 자기장이 나오는 것을 확인했는데, 그 크기는 우리가 흔히 쓰는 자석에서 나오는 자기장의 10억 분의 1 정도였다(어마어마하게 작다.). 결국 인간이 회전시킬 수 있는 가장 빠른 속도로 회전시켰지만, 아주 미미한 자석이 되었을 뿐이다. 그럼에도 어쨌든 회전시키면 자석이 될 수 있다는 사실을 밝혔다. 그럼 이런 질문도 가능하다.

"*액체가 흐를 때 가장자리에는 마찰로 인한 와류가 발생한다. 그럼 액체가 회전하는 와류가 생기면 그 부분은 자석이 될 수 있을까?*"

엉뚱하지만 이 실험도 시도되었다. 일본의 연구진이 실제로 금속 액체인 수은을 흘렸더니 와류가 생긴 부분이 아주 약한 자석이 될 수 있다는 사실을 발견하였다. 이것이 2016년에 일어난 일이다.[24]

이쯤 되면 더욱 재미난 상상도 해볼 수 있다. "*열을 주거나 전류를 흘리면 양쪽 표면에 한 방향으로 정렬된 스핀을 모을 수 있다. 아인슈타인과 드하스의 주장에 따르면, 스핀을*

정렬시키면 물체가 회전한다고 했으니, 양쪽 표면에 정렬된 스핀을 모으면 그 표면은 회전해야 하지 않나?" 이를 실제로 확인하는 실험이 있었고, 정말로 이런 현상이 일어난다는 사실을 발견했다. 2019년의 일이다.[25]

CHAPTER 6

자석 연구의 최전선

앞의 5장에서 우리는 자석의 재발견에 대해 알아보았다. 자석에 대해 대부분 이해했다고 생각했을 때, 새로운 발견(거대자기 저항 효과)과 함께 스핀트로닉스라는 새로운 학문이 시작되었으며, '스핀의 흐름'과 관련하여 이어지는 질문들과 그에 대한 답을 찾으려는 여러 시도들이 있었음을 살펴보았다. 신기하고 재미있다고 생각하는 사람도 있겠지만, "이걸 어디에다 씁니까? 이게 돈이 됩니까?"라는 의문을 가질 수도 있겠다. 그 옛날 패러데이를 찾아왔던 관료들처럼 말이다. 나 역시 패러데이가 그랬던 것처럼 "갓 태어난 아이가 뭘 할 수 있겠습니까? 안 그래요?"라고 대답할 수도 있겠지만, 스핀트로닉스는 이미 무엇인가를 하고 있고, 거기에 우리는 이미 세금을 매기고 있다. 그 얘기를 조금 더 해보려고 한다.

앞서 보았던 대로 페르와 그륀베르크는 1988년에 거대 자기 저항 효과를 발견하였다. 거대 자기 저항 효과란 자석 두 개가 평행 혹은 반평행으로 정렬해 있을 때 엄청나게 큰 저항 차이가 난다는 효과였다. 이러한 거대 자기 저항 효과는 전류의 흐름에서 스핀을 반드시 고려해야 한다는 것을 알려주어 스핀트로닉스라는 학문을 탄생시켰고, 뒤이어 여러 가지 발견들이 이어지게 되었다. 이렇게 연구가 전개되던 중 2007년, 획기적인 사건이 발생하면서 스핀트로닉스 연구는 새로운 국면을 맞이하게 된다. 페르와 그륀베르크가 노벨 물리학상을 수상한 것이다. 당연하게도 두 물리학자의 공로는 "거대 자기 저항의 발견"이었다. 그런데 이 발견이 얼마나 대단하길래, 그들에게 노벨 물리학상이 수여되었을까?

전 세계적으로 보면 지금도 매일 수천 편의 논문들이 쏟아져 나오고, 이러한 논문들은 모두 '새로운 발견'을 보고한다(기존과 다르지 않다면 그건 논문이 될 수 없다.). 그러나 노벨상 수여는 그중에서도 극히 일부의 발견에 국한된다. 그것은 그 발견이 엄청나게 중요하다는 뜻이며, 그 발견이 인류의 진보에 직접적으로 기여하였다는 의미이기도 하다. 거대 자기 저항의 발견은 도대체 어떻게 인류에 기여한 것일까?

스핀트로닉스는 인류의 발전에 어떤 기여를 했나

"기록은 기억을 지배한다"

어느 디지털카메라의 광고 카피다. 생각해보면 우리는 우리의 기억보다는 기록을 더 신뢰하는 경향이 있다. 왜냐하면 우리의 뇌는 가끔 사실을 있는 그대로 기억하는 것이 아니라, 기억하고 싶은 형태로 변형시켜 기억하기 때문이다[그래서 일기를 쓰라고 선생님이 그러셨나 보다.]. 기록에 의존하는 이같은 경향은 시간이 지날수록 더욱 심해진다. 그리고 더 이상 기억에 의존할 수 없을 때 우리는 전적으로 기록에 의존한다. 그래서 『삼국유사』나 『조선왕조실록』이 그렇게도 소중한 것이다.

인류의 발전 단계를 봐도, 기록을 시작했다는 것은 엄청난 진보를 의미한다. 그래서 기록을 남기기 전과 후를 구분해서 선사시대와 역사시대로 구분하는 것이다. 역사시대를 유심히 들여다보면, 기록할 수 있는 문자가 있는 문명은 망했다가도 다시 소생하지만, 문자가 없으면 소멸되는 경우가 많다[이쯤에서 세종대왕님께 다시 한 번 감사하는 마음을 느낀다.]. 그만큼 기록은 중요하다.

이렇게 중요한 기록을 어디에 어떤 방법으로 남길 수 있을까? 아주 옛날에는 바위에 새겨서 기록을 남겼지만[물론 요새도 추석 때 성묘를 가서나 유명한 관광지에서도 바위(비석)에 새겨진 기록을 볼 수 있다.], 고대 이집트에서는 파피루스를 이용하여 기록하였고, 종이와 인쇄술이 등장하면서 획기적으로 기록 능력이 향상되었다. 종이 인쇄술은 지금도 신문이나 책으로 그 명맥을 유지하고 있으나, 현재를 살아가는 우리는 다른 방식으로 더 많은 기록을 남긴다. 우리는 바로 '메모리'라는 저장 장치에 기록한다!

생각해 보면, 나의 할아버지와 할머니는 젊은 시절 사진이 없다. 하지만 나의 아버지와 어머니는 젊은 시절 흑백 사진을 가지고 있으며, 나는 컬러로 된 수많은 디지털카메라 사진을 가지고 있다. 아마 나의 아이는 수많은 동영상을 소유해서, 언제든 어린 시절 모습을 다시 재생해볼 수 있는 그런 시대를 살아갈 것이다. 놀랍게도 이런 변화는 불과 100년도 되지 않는 짧은 기간에 일어났다. 또한 변화는 점점 더 빨라지고 있다. 이런 변화가 좋은 것인지 나쁜 것인지는 사람에 따라 다르게 판단하겠지만, 여기서 짚고 넘어갈 점은, "*무엇이 이러한 변화를 가능하게 하였는가?*"이다.

10년 전쯤의 기억을 되살려 보자. 컴퓨터나 카메라, 핸드폰의 용량은 늘 모자랐고, 우리는 항상 데이터를 백업해야 한다는 스트레스를 받았었다. 요즘에는 그런 걱정을 거의 하지 않는다. 데이터센터에 자동으로 저장이 되기 때문이다. 물론 본인이 동의하는 경우에 한해서이다. 내가 핸드폰으로 찍은 사진이나 동영상이 데이터센터로 보내지면, 데이터센터에서는 어디에 저장할까? 바로 '*하드디스크*'이다.

우리의 컴퓨터에도, 데이터센터에도 있는 그 하드디스크는 사실 자석으로 만든다. 동그란 판에 얇게 자석을 깔고 판을 회전시키면서 탐침을 이용해 자석의 극을 N극이나 S극으로 쓰게 된다. N극일 때 '1', S극일 때 '0'이라는 정의로 디지털 정보를 훌륭히 저장할 수 있다. 이러한 하드디스크 개념은 사실 1970년대 컴퓨터의 개념이 등장했을 때부터 존재했다. 그러나 하드디스크가 상용화되기까지 가장 어려웠던 점은 "N극과 S극으로 기록된 정보를 어떻게 읽을 것인가?"라는 문제였다. 그리고 거대 자기 저항 효과의 발견은 바로 이 문제를 해결해 주었다.

그림46에서 보듯이 하드디스크를 뜯어보면 원형으로 생긴 판이 있고 판 위에 탐침이 있어서, 레코드판과 비슷하게 생겼다. 원형판은 계속 돌아가는데, 보통 1초에 120번 정도 돌아간다. 이것을 속도로 계산해보면, 대략 KTX의 최고 속도

와 비슷하다. 재미있는 점은, 탐침은 원형판에 접촉하지 않고 공중에 떠 있는 채로 원형판이 돌아간다. 접촉하게 되면 마찰로 금방 망가질 것이다. 탐침은 대략 10나노미터(1억분의 1미터) 정도 떠 있는데, 신기하게도 탐침은 절대 원형판에 부딪히지 않는다.* 이렇게 원형판이 돌아갈 때 탐침은 정보를 기록하거나 읽어낸다. 정보를 기록하는 방법은, 탐침에 있는 작은 코일에 전류를 흘려주어 발생하는 자기장으로 원형판에 있는 자석의 방향을 N극 또는 S극으로 바꾸며 기록하는 것이다. 코일에서 나오는 자기장은 접촉하지 않아도 힘을 줄 수 있으니, 탐침은 공중에 떠 있어도 아래에 있는 자석을 N극 또

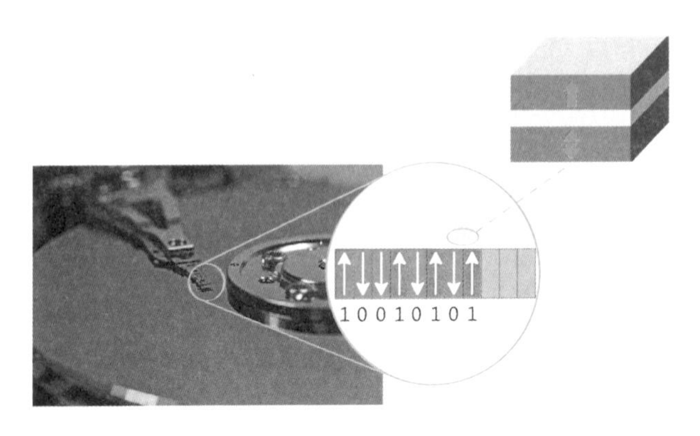

그림46 하드디스크의 구조

는 S극으로 기록할 수 있다. 그럼 읽기는 어떻게 할까? 탐침의 센서를 확대해보면 그 끝부분에 두 개의 자성층으로 이루어진 부분이 있다. 위쪽 자성층은 up-스핀(붉은색) 방향으로 고정되어 있고, 아래쪽 자성층은 up이나 down 어느 방향이든 쉽게 향할 수 있게 되어 있다. 이러한 탐침이 원형의 자석판 위에서 움직이게 되면, 원형판 자석의 극에 따라 아래층의 스핀 방향이 up 또는 down으로 바뀌게 된다(원형판의 자석에서 나오는 자기장의 방향으로 탐침의 아래 자성층의 방향이 바뀌기 때문이다.). 그렇게 되면, 탐침에 있는 두 자성층의 상대적인 배열이 평행/반평행을 반복하게 되는데, 이것은 탐침의 저항이 바뀌는 결과를 준다. 바로 거대자기저항 효과 때문이다.

결국 원형판 위에 기록되어 있던 1과 0이라는 정보는, 탐침의 저항이 거대하게(?) 바뀌는 거대 자기 저항 효과로 인한 저항 차이로 측정된다.** 비록 발견 당시에는 자석과 관련된 재미있는 발견 중 하나였겠지만, 거대 자기 저항 효과가 결

* 탐침이 원형판 위에 떠 있는 것을, 일상적인 스케일로 확대해 보면 비행기가 지표면 위에 머리카락 두께 정도 높이로 떠 있는 것과 비슷하다. 그런데도 절대 부딪히지 않는 건 참으로 대단한 기술이다.

** 현재 사용되는 하드디스크는 거대 자기 저항보다 더 크게 바뀌는 '터널 자기 저항'을 사용하지만, 그 원리는 비슷하다.

국 하드디스크의 실용화를 가능하게 하였고, 하드디스크가 집집마다 컴퓨터에 들어가고 거대한 데이터센터에 들어가면서, 누구나 걱정 없이 데이터를 저장하게 된 것이다. 기록은 기억을 지배하지만, *기록을 지배하는 것은 자석으로 만든 하드디스크다!*

하드디스크의 한계는

세상에는 물질이 많고 많은데, 그중에서도 왜 자석을 이용해 메모리를 만드는 것일까? 자석은 N극과 S극으로 이루어져서 0과 1의 디지털 신호를 저장하기 쉽다는 이유가 있긴 하지만, 그것만이 전부는 아니다. 사실 자석이 아닌 다른 물질을 쓰는 메모리도 있다. 우리가 자주 듣게 되는 D램Dynamic Random Access Memory이나 S램Static Random Access Memory은 컴퓨터의 프로세서에 들어가는 메모리인데, 자석이 아닌 반도체를 사용한다. 반도체를 이용하는 경우에는 '전류가 흐르느냐', '전류가 흐르지 않느냐'로 0과 1을 구분한다. 그렇다면 자석을 이용하면 어떤 점이 좋을까? 자석의 가장 큰 장점은 바로 '비휘발성non-volatility'에 있다. 비휘발성은 전원을 꺼도 메모리가 남아 있다는 뜻이다. 자석의 N극과 S극이 전원을 꺼도 그대로 유지되는 것은 어찌 보면 당연한 일이다. 그러나 현재 컴퓨터 프로세서에 쓰이는 D램은, 전원을 끄면 메모리가 사라진다(전류의 존재 여부로 0과 1을 구분하기 때문이다.). 그렇기 때문에 컴퓨터를 켤 때마다 메모리를 다시 초기화해 주어야 하므로 컴퓨터 부팅에 시간이 걸리는 것이다. 따라서 모든 메모리가 자석으로 바뀌면 원리적으로 컴퓨터의 부팅 시간을 확연히 줄여줄 수 있다.

자석의 비휘발성은 오래전부터 많은 관심을 끌어왔던 것이 사실이다. 예전에 많이 썼지만 지금은 거의 사라진 카세트테이프나 플로피디스크도 모두 자석으로 되어 있다. 이쯤에서 이런 질문도 있을 수 있다. "*하드디스크가 용량도 크고 비휘발성이면 D램, S램 대신에 그걸 쓰면 안 됩니까?*" 이걸 이해하려면 먼저 컴퓨터가 어떻게 작동하는지 간단히 이해할 필요가 있다. 컴퓨터 앞에 앉아서 어떤 작업을 한다는 것은, 컴퓨터 입장에서 보면 '계산'을 하는 것이다. 컴퓨터는 계산을 프로세서라는 곳에서 하는데, 그 속도는 엄청나게 빨라서, 1초에 10억 번 정도 계산한다. [그러니 컴퓨터 느려 터졌다고 욕하지 말자.]. 그런 작업을 한 후에 데이터를 저장하게 되면('Ctrl+S'를 누르면), 그 데이터는 바로 하드디스크로 저장된다

(요즘은 SSDSolid State Drive도 많이 사용한다.). 하드디스크의 특정 부위에 저장을 하려면 하드디스크가 회전을 해야 하고, 탐침이 특정 위치를 찾아가야 한다.* 이 과정을 생각해 보면 하드디스크는 몇 가지 문제를 안고 있다.

첫 번째는 속도가 느리다는 문제이다. 컴퓨터 이용자가 마우스로 화면의 폴더를 클릭하면 하드디스크의 탐침이 움직여서 폴더를 찾아간다. 이것은 빨라야 1/1000초 정도 걸린다. 사실 이것도 충분히 빠른 속도지만, D램 등이 작동하는 시간이 10억분의 1초임을 생각해보면, 엄청나게 느린 속도이다. 비유를 들자면, D램이 1초에 한 번 계산한다고 가정했을 때, 하드디스크는 11~12일에 한 번씩 계산한다고 생각하면 된다. 그러니 하드 디스크를 D램 대신 사용할 수 없는 것이다.

하드디스크의 또 다른 문제는 전력 소모량이 엄청나게 크다는 점이다. 하드디스크는 원판을 회전시키기 때문에 전력 소모가 엄청나게 크다. 사실 이런 전력 소모의 문제는 현재 인류에 큰 위협이 되고 있다. 국제적인 데이터 조사기구 IDCInternational Data Corporation에 따르면, 현재 전 세

* 일반적으로 C드라이브는 원판의 바깥에 있고, D드라이브는 원판의 안쪽에 있다. 원판이 회전할 때 바깥쪽은 더 긴 거리를 이동하므로 속도가 더 빠르다. C드라이브가 더 빠른 이유다.

계 데이터 용량은 기하급수적으로 늘어나고 있다고 한다. 2025년이 되면 전세계 데이터 총량은 약 175ZB(제타바이트, 1ZB=10^{21}B) 정도가 된다고 하는데,[26] 다시 말해 흔히 쓰는 1TB짜리 하드디스크 약 1,750억 개 정도의 데이터가 생산된다는 것이다. 이렇게 많은 데이터가 쏟아지는 이유는, 우리가 핸드폰으로 영상을 찍고 유튜브에 동영상을 올리는 등의 이유도 있겠지만, 그보다 더 큰 이유는 현재 진행되고 있는 4차 산업 혁명이 데이터를 저장하는 데 집중하고 있기 때문이다. 예를 들어 사물인터넷IoT, Internet of Things은 모든 사물에 작은 컴퓨터를 집어넣어 사물을 제어하겠다는 것이다. 곧 집 안에 있는 대부분의 전자 기기를(심지어 가구도) 원격으로 조정할 수 있는 시대가 온다. 그리고 더 중요한 것은, 내가 조작하는 모든 것이 기록이 된다. 지금은 CCTV나 자동차 블랙박스 정도가 영상을 기록하는 장치이지만, 이제 곧 많은 물건에 이런 장치가 들어가게 될 것이다(누군가에게는 스마트한 세상이지만, 누군가에게는 불편한 세상이 될 수도 있겠다.). 이렇게 수집된 데이터를 빅데이터라고 하며, 인공 지능Artificial Intelligence이나 기계 학습machine learning을 이용해 분석된 데이터는 예측과 진단에 활용된다. 예전에는 데이터가 너무 많으면 모두 처리할 수 없어, 중요한 것을 분류하고 요약하고 압축하는 것이 중요한 일이고 기술이었다. 그러나 빅데이터 시대에 데이터는 많으면 많을수록 좋다. 많은 데이터로 AI에게 학습을 시키면 점점 더 성능이 좋아지기 때문이다. 우리는 이미 학습된 알파고가 바둑 대국에서 이세돌을 이기는 것을 보지 않았는가? 결국 4차 산업 혁명은 데이터의 혁명이고, 이를 위해서는 더 많은 데이터의 저장이 가능해야 한다.

데이터가 폭발적으로 늘어나는 것은 반길 만한 일이겠지만, 문제는 에너지가 부족하다는 데에 있다. 폭발적으로 증가하는 데이터를 저장하기 위해서 현재 데이터센터에 하드디스크가 사용되고 있지만, 지나친 전력의 소모로 심각한 문제를 야기하고 있다. 메모리를 동작시키는 데에도 전력이 소모되지만, 이때 발생하는 열을 식히는 데에도 전력이 사용된다.《포브스》에 따르면, 2017년 기준으로 미국에 있는 데이터센터를 유지하기 위해서는 500메가와트급의 화력발전소 26기에서 생산되는 전기를 통째로 써야 하며, 전 세계적으로도 전력 생산량의 3%가 이미 데이터센터로 들어가고 있다. 그리고 이 수치는 4년마다 2배 정도 증가할 것으로 예측되고 있다.[27] 결국 지금과 같은 추세가 그대로 이어지면, 전력이 모자라기 때문에 데이터를 더 이상 저장할 수 없는 시대가 올 것이라 예측된다.

이런 위기에 현재는 임기응변으로 대처하고 있다. 예를 들어, 데이터센터를 알래스카와 같이 추운 지방에 설치하여 열을 식히는 비용을 줄인다든지, 아니면 메모리를 아예 바다 속에 넣어서 바다의 물을 이용하여 냉각시키는 방법을 쓰기도 한다.* 그러나 폭발적인 데이터 증가에 대비하기 위해서는 보다 근본적인 해결책이 요구되는 것이 사실이다.

이런 변화의 흐름이 인류에게 좋은 것인지 나쁜 것인지에 대해서는 논란이 있을 수 있다. 논란과는 별개로 인류가 위기에 처하고 해결책이 필요할 때, 그것을 과학적으로 혹은 기술적으로 뒷받침해주는 것이 바로 과학자가 하는 일이다. 어떤 과학자는 태양광을 이용해서 환경 오염이 적은 방법으로 사용 전력량을 늘리기 위해 노력하며, 어떤 과학자는 컴퓨터의 개념 자체를 바꾸어 양자 현상을 이용한 계산이나 인간의 뇌를 모방한 계산을 수행하여, 적은 에너지로 효율적인 계산을 수행하려고 시도하기도 한다. 그리고 흥미롭게도 자석을 연구하는 학자들도 이런 상황에 대비하기 위해 지금도 밤을 새우고 있다. 그들이 생각하는 해결책은 바로 '스핀 전류'이다.

* 'Natick project'라고 인터넷에서 검색해보면 마이크로소프트의 해저 데이터센터를 직접 확인해 볼 수 있다.

스핀 전류를 이용하는 새로운 메모리는

스핀 전류란, 앞서 보았던 대로, 전자가 가진 스핀의 흐름을 이용하여 정보를 전달하는 것이다. 스핀만 흐르면 되므로, 굳이 전류가 흐를 필요가 없기 때문에, 열발생을 줄이고 전력 소모를 줄일 수 있다는 아이디어다. 여기에서는 이러한 아이디어에 바탕을 둔 몇 가지 메모리나 컴퓨팅 소자를 소개해 보고자 한다.

2000년대 초반 스핀 전달 토크라는 현상이 등장한 적이 있다(5장에서 이미 살펴보았다.). 스핀 전달 토크란 전류를 흘려서 자석의 방향을 제어하는 기술인데, 이를 이용하면 하드디스크를 뛰어넘는 새로운 메모리가 가능하다는 것이 곧 알려졌다. 2000년대 초 제안된 메모리는 M램Magnetic Random Access Memory과 레이스트랙 메모리Racetrack Memory였다. M램은 **그림47**에서 보는 것과 같이 하드디스크의 탐침 센서와 비슷하게 생겼다. 두 개의 자성층 사이에 다른 물질을 넣고, 한쪽 자성층(고정층)은 고정시킨 상태로 두고, 다른 한쪽의 자성층(자유층)만 자석 방향을 바꿀 수 있게 만든다. 그런 다음에 전류를 주입하면, 스핀 전달 토크에 의해서 자유층의 방향이 뒤집어지는데, 전류의 방향을 반대로 하면 다시 원래대로 돌아온다. 따라서 두 층이 평행한 상태를 '1', 반평행한 상태를 '0'이라고 정의하면 디지털 신호를 저장하는 메모리가 된다. M램의 가장 큰 특징은 각 메모리셀이 사다리와 같이 가로-세로 도선이 교차하는 지점에 있다는 것이다. 이렇게 만들면 임의의 메모리셀에 접근하는 것이 가능하기 때문에 램Random Access Memory이라고 부르는 것이다(하드디스크는 이런 것이 불가능하고, 원형판을 돌려서 스캔한 후 찾아가야 한다.). 잘 생각해보면 M램은 회전할 필요없이, 가로 혹은 세로의 특정

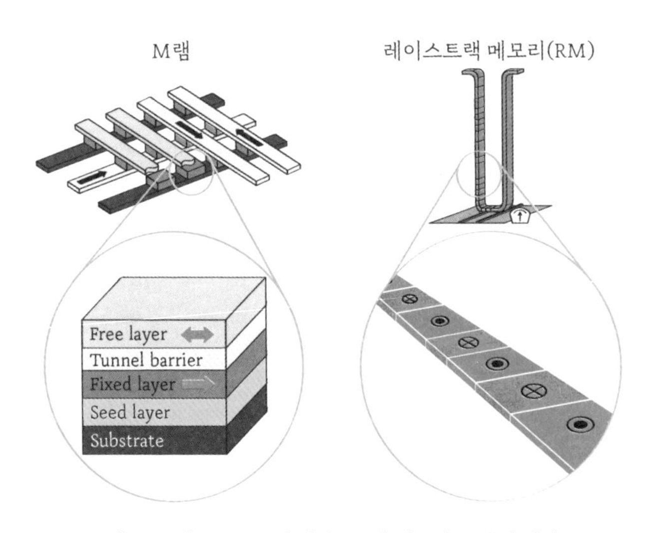

그림47 M램(MRAM)과 레이스트랙 메모리(RM)의 개략도

도선으로 전류를 흘려주기만 하면 그 교차점의 메모리 정보를 읽을 수 있다(위도와 경도만 알면 지구상 위치를 특정해서 찾아갈 수 있는 것과 비슷하다.). 그러므로 굉장히 빠른 접근 속도를 가질 수 있다. 그 속도는 기존의 D램이나 S램과도 비슷하며, 그래서 점차 자석을 이용한 M램으로 바꾸려는 시도가 이루어지고 있다. 굳이 M램으로 바꾸려고 하는 가장 결정적인 이유는 M램이 에너지 소모가 적고 비휘발성(전원을 꺼도 메모리가 남는 특성)이라는 장점을 갖고 있기 때문이다. 실제 2019년에 삼성전자에서 이를 상용화하여 기존의 S램 일부를 대체하고 있는 상황이다.

'레이스트랙 메모리'는 이와는 조금 다른데, 길쭉한 트랙track에 N극과 S극이 번갈아가면서 존재하는 메모리다. 긴 자석에 N극 혹은 S극으로 자석을 정렬시켜 정보를 저장한다는 측면에서는 하드디스크와 별반 차이가 없지만, 구동 원리는 하드디스크와 전혀 다르다. 하드디스크의 경우, 메모리를 읽으려면 원형판을 기계적으로 회전시켜 탐침의 위치로 가지고 와야 한다(그래서 전력 소모가 크다.). 그러나 레이스트랙 메모리는 기계적인 회전이 없다. 대신에 스핀 전달 토크에 의한 자구벽Magnetic Domain Wall 이동 현상을 이용한다. 자구벽은 자구의 경계인데, 앞서 철이 자석이 아닌 이유가 물질 내부에 자구가 생겨서 그렇다고 했던 부분을 떠올려 보자. **그림48**에서 보면 S극인 파란색 영역(스핀이 down인 영역)과 N극인 빨간색 영역(스핀이 up인 영역)이 인접해 있다면, 그 경계에는 스핀의 방향이 down에서 up으로 돌아가는 노란색 영역이 존재한다. 이런 경계를 자구벽이라고 한다. 이 구조에서 전자가 이동해가면 앞서 설명한 스핀 전달 토크가 작동한다. 왼쪽에서 출발한 전자의 스핀은 down 방향이었지만, 노란색 영역에 도착한 전자는 그 영역에 맞게 반시계 방향으로 90도 돌

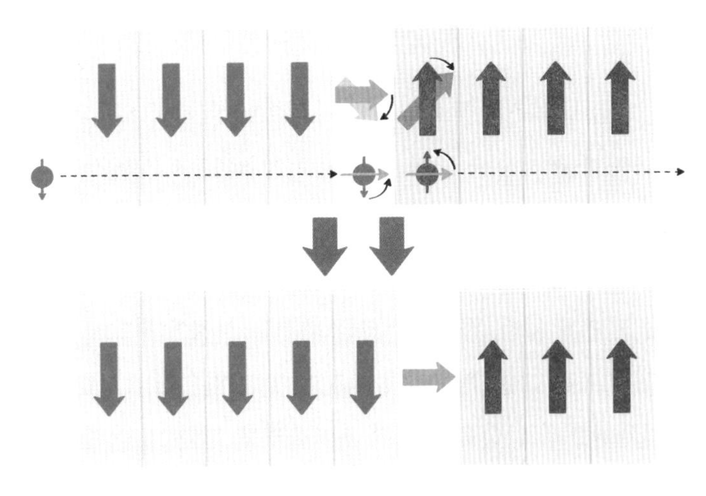

그림48 레이스트랙 메모리의 동작 원리. 전자가 지나가면 N극과 S극의 경계가 옆으로 이동해 가게 된다.

아간다. 그렇게 되면 반작용으로 인해 노란색 영역의 스핀이 시계 방향으로 90도 돌아가 down이 된다. 전자가 빨간색 영역에 도착하면 다시 반시계 방향으로 90도 돌아가게 되고, 그럼 반작용으로 빨간색 스핀은 시계 방향으로 90도 돌아가게 된다. 이런 과정을 거치고 나면 노란색 영역이 오른쪽으로 한 칸 이동해 간다. 그러므로 전자가 이동해가면(즉 전류를 흘리면) 경계가 계속 이동하게 되므로, N극과 S극의 영역이 자동으로 이동해간다(도미노를 예로 들어 생각해 보면 이해하기 쉽다. 도미노를 넘어뜨리면, 각각의 도미노는 그냥 옆으로 넘어지는 것뿐이지만, 전체적으로는 무언가가 계속 움직여 간다. 그것이 바로 경계의 움직임이다.).

결국 레이스트랙 메모리는 자석으로 된 판에 N극과 S극으로 정보를 저장한 후에, 판을 돌리지 않고 전류만 살짝 줘서 내부 경계를 움직여서 읽어내는 방법이다. 이 메모리의 장점은 두 가지가 있는데, 첫째, 굳이 하드디스크처럼 원형으로 만들 필요가 없다. 하드디스크는 회전을 시켜야 하므로 납작한 원판으로 만들지만, 이제 회전이 필요 없으므로 **그림47**처럼 3차원으로 빌딩을 짓듯이 쌓아올려도 된다. 그러면 단위 면적당 메모리 용량이 기하급수적으로 증가할 수 있다. 두 번째 장점으로는 에너지 소모가 적다. 하드디스크와 레이스트랙 메모리에서의 에너지 소모를 비유로 설명하면 다음과 같다. *"운동장 건너편에 있는 친구를 나에게 데려오기 위해 운동장을 돌릴 것인가(하드디스크), 아니면 친구가 뛰어올 것인가(레이스트랙 메모리)."*

레이스트랙 메모리를 실현할 수 있을까

여기까지 오는 동안 자석의 기원에서 최근의 연구에 이르기까지 설명했지만, 정작 그 모든 일들은 남이 한 일들에 대한 소개였다. 그런데 레이스트랙 메모리에 대한 연구는 내가 약 15년간 계속해오고 있는 일이다. 전류를 흘리고 자구의 경계가 움직이는 것만 15년간 주구장창 지켜보고 있었다는 얘기다. 이쯤에서 직접 경험한 레이스트랙 메모리 연구에 대해 조금 더 이야기해 보려 한다. 독자들이 최신 연구 현장을 이해하는 데에 도움이 되리라 믿는다.

절이 있는 산을 오르다 보면 사람들이 쌓아놓은 돌탑을 발견할 때가 있다. 그냥 지나치기보다는 그 돌탑에 돌 하나를 더 얹고 싶은 욕구를 느낀다. 이럴 때 우리는, 마음을 정갈히 하고, 소원을 빈 후에, 돌탑을 쓰러뜨리지 않으면서 정말 조심히 돌 하나를 올려놓는다. 돌탑을 무너뜨리지 않고 돌 하나를 더 올려놓으면 마치 우리의 소원이 이루어질 것 같은 그런 느낌이 든다. 그렇게 돌탑은 점점 높아져 간다.

내 생각에 과학자가 하는 일이란 이렇게 돌탑을 쌓는 것과 별반 다를 게 없다. 대개의 경우 선배 과학자들이 쌓아놓은 돌탑을 열심히 분석한 다음에, 그것을 무너뜨리지 않으면서 돌 하나를 더 올려놓으려 노력한다. 물론 가끔은 돌탑 자체가 애초에 잘못 쌓아졌다고 생각해 무너뜨리고 다시 쌓는 과학자도 있지만, 대부분은 돌 하나 더 올려놓는 게 과학자의 역할이라고 믿는다. 그리고 사실 인생을 바쳐서 돌 하나 더 올려 놓을 수 있다는 것만으로도 큰 자부심과 보람을 느낀다.

과학자로서 첫발을 내딛는 것은 대학원에 들어가면서부터라고 할 수 있다. 대학교를 다니며 배운 지식을 바탕삼아 스스로 새로운 연구 주제를 설정하고 본격적인 연구를 시작하는 것이 바로 대학원에서 하는 일이다. 내가 대학원에 입학했을 때 내게 주어진 연구 주제가 바로 레이스트랙 메모리였다. 전력이 적게 드는 레이스트랙 메모리를 실현하여 미래의 에너지 부족 사태에 대비하는 것이, 구구한 자석의 역사에 내가 돌 하나를 올려 놓을 수 있는 일이라고 굳게 믿었다. 나의 연구는 그렇게 시작되었다.

레이스트랙 연구에 매료되었던 이유는 그 단순성 때문이었다. 자석 내부에 N극과 S극 영역이 있고 거기에 전류를 흘려주면, 마치 도미노가 움직이듯이 그 경계(자구벽)가 이동해가는 것이 내게는 너무나 당연해 보였다. 이렇게 당연한 것을 실험으로 증명하기만 하면 새로운 메모리를 개발할 수 있을 것이고, 그러면 내가 인류에 기여할 수 있을 것이라는 사실이 너무 자명해 보였다. 어려운 방정식을 풀 필요도 없었고, 복잡한 계산을 할 필요도 없었다. 그건 너무 쉽고 단순한, 그러면서도 의미 있는 일처럼 보였다.

돌이켜보면 그때 나는 정말 신나게 실험을 했었다. 교과서를 공부하면서 항상 느꼈던 "이걸 배워서 도대체 어디다 쓰지?"라는 궁금증에 대한 해답이 내 눈앞 가까이에 있었다. 자구벽이 움직인다는 것을 실험으로 보여주기만 한다면 그때까지 내가 고생해가며 배웠던 것들이 그 의미를 찾을 수 있을 것 같았다. 시간이 가는 줄도 몰랐고, 출근과 퇴근의 의미가 무색할 만큼 실험에 푹 빠져 있었다.

그러나 세상 일이 대개 그렇듯이 금방 될 것만 같았던 일이 쉽게 되지 않았다. 전류만 흘려주면 움직일 줄 알았던 자구벽이 아무리 전류를 흘려줘도 움직이지 않았다. 열심히만 한다고 다 되는 것은 아니라는 세상의 진리를 또 한 번 느꼈다. 그렇게 3년을 도전했다. 3년 동안 내가 한 일은, 시료에 전류를 살짝 흘려주고 자구벽이 움직였는지 관찰하고, 움직이지 않았다면 전류를 조금 더 흘려준 다음 관찰해 보고, 그래도 안 되면 전류를 조금 더 세게 흘려주고 다시 관찰해 보는 식이었다. 그러다 마지막에는 전류가 너무 강해 시료가 타버리는 것으로 끝나는 그런 비극적인 일들이 반복되었다.

그러던 어느 날이었다(내 기억이 맞다면 2009년 8월 12일에서 13일로 넘어가는 새벽 5시 경이었다.). 그날도 여느 날과 마찬가지로 새로운 샘플에 전류를 흘려서 자구벽이 이동하는지 관찰하고 있었다. 반복되는 지루한 일이었지만 그렇다고 집중을 하지 않을 수는 없었다. 찰나의 실수가 실험의 실패로 이어지며, 잠시의 방심이 새로운 발견을 모르고 지나치게 만들기 때문이다. 시간은 새벽에서 아침으로 넘어가고 체력도 바닥나서 실험을 마무리하려고 하다가, 한 번만 더 해보자고 마음먹고 다시 실험을 한 순간, 갑자기 자구벽이 움직이기 시작했다(영화 같다고 생각하는 독자들이 있겠지만, 내게는 그 어떤 영화보다도 더 영화 같았던 순간이었다.). **그림49**에 있는 데이터가 당시에 직접 얻었던 데이터이다. 왼쪽 그림과 같이 N극과 S극을 만들고, 전류를 흘려주자 그 경계(자구벽)가 오른쪽으로 이동하기 시작했다. 전류의 방향을 바꾸어주자 다시 왼쪽으로 돌아왔다. 너무나 기뻤던 나는, 이번에는 S극-N극-S극인 영역을 형성시키고(즉 2개의 자구벽을 형성시키고) 전류를 흘려주었는데, 2개의 자구벽이 모두 이동하는 것을 관찰했다. 점점 신이 난 나는, 실제 데이터와 같이 '1010' 혹은 '1100'과 같은 2진법 데이터를 입력해주고 실제로 움직여 가는지 확인하였는데, **그림49**의 오른쪽 그림에 보이는 대로 잘 이동해 가는 것을 확인하였다. 3년에 걸친 시도가 드디어 성공하는 순간이었다.

그 새벽에 자구벽이 움직이는 걸 확인하고 난 후 처음으로 집에 돌아간 것이 8월 15일 광복절이었으니, 사나흘을 꼬박 연구실에서 지낸 것 같다. 퇴근을 하고 잠을 자버리면, 움

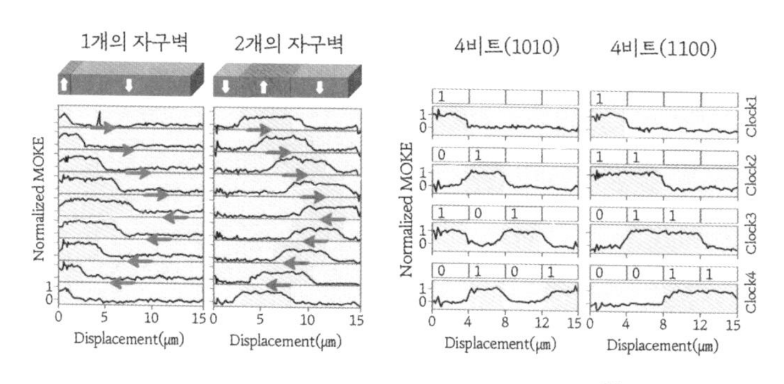

그림49 직접 실험해서 얻은 자구벽 이동 결과[28]

직였던 자구벽이 더는 움직이지 않을 것 같아서 도저히 퇴근을 할 수가 없었다. 당시에는 낮과 밤의 구분도 별로 없었고[집도 연구실도 반지하라서 햇볕과 친하지 않았다.], 하루를 규칙적으로 살아야 한다는 압박감도 없었기 때문에[결혼 전이었다.], 연구실에서 뒹구는 것은 그리 큰 문제가 되진 않았다. 어쨌든 논문을 쓸 수 있겠다 싶을 정도로 충분한 데이터를 얻은 다음 교수님께 보고를 했다. 당시 밤 12시쯤에 교수님께 보고 드렸는데, 교수님께서 새벽 1시쯤에 연구실로 나오셨다. 그것은 모두가 바라던 그런 결과였다. 그렇게 3박4일을 보내고 나는 퇴근을 했다.

이야기가 여기에서 마무리된다면 해피엔딩이겠지만, 세상 일이란 게 여전히 내맘대로만 되지는 않는 법이다. 내가 얻은 데이터는 그 후 한참을 논문으로 출간되지 못하였다. 가장 큰 이유는 "*실험 결과를 설명할 수 없었기 때문*"이었다. 이건 무슨 말인가? 분명 자구벽이란 전류에 의해서 도미노와 같이 움직이는 것이라고 하였고, 그 원인은 스핀 전달 토크라고 하였는데...

스핀 전달 토크를 잘 생각해 보자. 5장에서 보았던 대로, 전자가 이동하면서 자구벽이 있는 영역을 통과하게 되면 전자의 스핀 방향은 회전하게 되고, 그 반작용으로 자구벽이 옆으로 이동한다. 즉 자구벽은 전자가 이동하는 방향으로 밀려서 이동하게 된다. 그런데 내가 얻은 데이터는 희한하게도 자구벽이 전자의 이동 방향과 반대 방향으로 이동하고 있었다. 기존의 이론으로는 설명될 수 없는 것이었다.

그 원인을 제대로 이해한 것은 그때 그 새벽 실험 이후 무려 4년이 더 지난 후였다. 물리적으로는 잘로신스키-모리야 상호 작용이라는 현상과 스핀 궤도 토크 라는 현상이 결합된 것인데, 그 얘기는 좀 복잡하고 어렵기도 하고, 꽤 긴 이야기라 여기에 다 담을 수는 없을 것 같다. 그때 겪었던 고생담과 상세한 설명은 다른 기회에 이야기해 볼 수 있기를 기약해 본다.

궁극의 메모리란

앞에서 자석의 N극과 S극의 방향으로 정보를 저장하고, 그것을 읽어내는 방법에 대해 이야기하였다. 생각해보면 여전히 전류를 흘려야 하며, 그래서 적은 양이긴 해도 전력 소모가 발생한다. 그렇다면 전력 소모를 줄일 수 있는 좀 더 획기적인 아이디어는 없을까? 과학과 기술의 역사를 들여다보면,

획기적으로 바뀌는 것은 거의 없다. 발전이나 진보란 기존의 개념에서 조금씩 조금씩 바뀌어 가는 것이다. 무엇인가가 획기적이라고 한다면, 당장은 실현될 가능성이 거의 없다는 뜻이나 마찬가지다. 그런 의미에서 여기 아주 획기적인(?) 아이디어를 하나 소개하겠다.

현대의 모든 전자 기기는 '전기'로 작동한다. 불과 150년 전만 해도 상상할 수 없었던 세상이다. 왜 그렇게 되었을까? 왜 우리는 하필이면 다른 어떤 것도 아닌 '전기'로 세상을 작동시킬까? 전기가 세상 여러 에너지 가운데 가장 쓸모 있는 에너지이기 때문이다. 쓸모 있는 에너지라 함은, 변환하기 쉽고, 저장하기 쉬우며, 전달하기도 쉬운 그런 에너지를 말한다. 전기는 이런 조건들을 만족한다. 그럼 굳이 전기를 쓰지 않고 다른 방법으로 세상을 작동시킬 수는 없을까? 좀 더 구체적으로 말하자면, 전기를 사용하지 않고 컴퓨터를 작동시킬 수는 없는 것일까?

가능할 것 같지 않은 이런 일을 시도하는 사람들이 있다(나 또한 그들 중 한 명이다.). 이들의 아이디어는 바로 "*파동을 이용하자!*"이다. 전류를 흘리지 말고 파동을 흘려 보자. 그리고 이러한 파동을 이용해서 계산을 해 보자. 이런 식으로 생각하는 것이다. 그럼 바로 나오는 질문은 "*어떤 파동을 이용*

할 것인가?"이다. 자연에는 음파도 있고 물결파도 있고, 전자기파도 있다. 그리고 재미있게도 물질 내부에도 파동이 있다. 그중 하나가 바로 '스핀파'이다. 스핀파의 개념은 간단하다. 자석이란 스핀이 정렬된 물질이니, 정렬된 스핀을 살짝 건드려서 파도치게 만드는 것이다. 아래 **그림50**처럼 말이다(사실 자석 내부의 스핀은 항상 요동치고 있다. 우리가 사는 세상이 자석에게는 이미 너무 뜨겁기 때문이다.).

잘 생각해보면, 파동을 이용할 수 있다면 의외로 좋은 점이 많다. 첫째, 굳이 전류를 흘릴 필요가 없으므로 전류가 통하지 않는 부도체를 쓸 수 있다(전류가 통하지 않는 자석도 있으니 그런 자석의 스핀파를 쓰면 된다.). 전류를 흘리지 않으므로

그림50 자석 내부의 스핀파

열이 나지 않을 것이고, 그럼 에너지 소모가 획기적으로 줄어들 것이다. 둘째, 파동은 중첩이 가능하니까, 논리 연산이 아주 쉬워진다. 한 가지 예를 들어볼까? 컴퓨터가 계산을 하기 위해서는 몇 가지 논리 회로를 만들어야 하는데 그 대표적인 것이 바로 XNOR 게이트이다. 이것은 두 입력값이 같을 때는 1이 나오고, 두 입력값이 다를 때는 0이 나오는 논리 회로이다. 이런 것을 만들려면 지금의 기술로는 트랜지스터를 아주 많이 써야 한다. 그러나 파동을 이용하면 아주 손쉽게 해결이 된다. **그림51**의 오른쪽과 같이 파동을 넣은 다음에 둘로 나눈다. 그리고 두 파동이 지나가는 경로에 A와 B의 조작을 가한다. 그리고 나서 두 파동을 합친다. A와 B의 조작이란 단순히 파동의 위상을 180도 늦추는 것이다. 예를 들어, **그림51**에서처럼 A는 아무 것도 하지 않고('0'이라는 입력값이다.), B는 지나가는 파동의 위상을 180도 늦춘다('1'이라는 입력값이다.). 그렇게 되면 두 파동이 만났을 때 위상이 반대가 되어, 상쇄간섭이 일어나서 사라져 버린다. 그래서 '0'이 나온다. 이에 반해 A와 B에 같은 조작이 가해지게 되면, 두 파동이 다시 만났을 때, 보강간섭이 일어나고, 그래서 '1'이 나오게 된다. 그럴듯하지 않은가? 이외에도 파동을 쓰면 병렬 연산도 가능하다. 즉 여러 개의 주파수를 가진 파동을 동시에 넣어서 계

Input		Output
A	B	A XNOR B
0	0	1
0	1	0
1	0	0
1	1	1

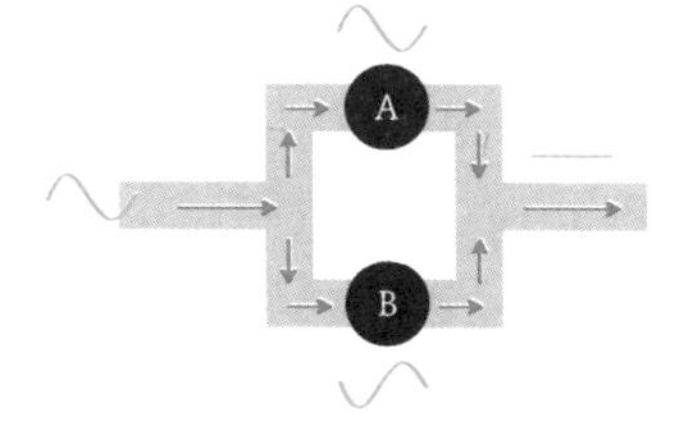

그림51 파동으로 만드는 XNOR 게이트

산을 시킬 수 있다는 말이다. 이미 TV나 라디오, 핸드폰 등의 신호를 여러 주파수로 동시에 보내는 기술을 쓰고 있으니, 이 역시 그럴듯하다. 다만, 다시 말하지만, 이것은 현재로서는 '획기적(?)'인 생각일 뿐이다. 그만큼 당장에 실현하기는 어렵다는 뜻이다. 그렇다고 남들이 하는 것만 따라하고 있을 수는 없는 노릇이니, 도전적으로 한번 부딪혀 볼 일이다.

획기적(?)인 아이디어를 하나 더 이야기해 보겠다. 궁극의 메모리란 무엇일까? 물론 전력이 적게 들고, 많이 저장하고, 빨리 작동하고 이런 것도 중요하지만, 메모리란 기록 장치이니 오래 보존되어야 한다. 또한 외부의 자극에 따라 쉽게 바뀌어서도 안된다. 이런 관점에서 생각해보면 기존의 자석 메모리는 궁극의 메모리는 아니다. 강한 자석을 대면 정보가 사라져 버리기 때문이다. 간혹 영화에서 해커가 작업하고 있을 때 경찰이 들이닥치면, 강한 자석으로 컴퓨터 하드디스크를 스캔하는 장면을 보게 될 때가 있다. 이를 전문 용어로 '디가우징degaussing'이라고 하는데, 강한 자석을 가져다 댐으로써 하드디스크를 모두 같은 극으로 만들어 버려 복구가 불가능하게 데이터를 지워 버리는 과정이다. 이렇듯 하드디스크는 강한 자석을 가져다 대면 메모리가 지워져 버린다. 그렇다면 이것을 해결하는 방법이 있을까? 자석을 가져다 대더라도 그대로 남아 있는 그런 메모리가 가능할까?

물론 가능하다. 다만 평범한 자석으로는 안 되고, 바로 '반강자성체'를 사용하면 된다(반강자성체가 기억이 안 난다면 4장으로 돌아가 보자.). 반강자성체란 이웃한 스핀이 반대 방향으로 정렬하는 물질로서, 전체적으로 보면 스핀의 영향이 모두 상쇄되어 자석이 아닌 것처럼 보이는 물질이다. 즉 자석에 반응하지 않는다는 뜻이다. 만일 반강자성체의 스핀 방향에 정보를 저장시켜 둔다면, 자석을 가져다 대더라도 멀쩡히 그대로 남아 있을 것이다. 최근 들어 이러한 반강자성체를 이용해서 메모리를 만들려는 시도가 늘고 있다. 획기적이긴 하지만, 아직 갈 길이 멀다. 가장 큰 문제는, 자석에 반응을 하지 않으니 정보를 기록하기도 읽기도 어렵다는 점이다. 한 번 기록하고 나면 아주 오래 보존되겠지만, 그전에 기록할 방법이 없는 상황이다. 누군가가 반강자성체의 스핀을 자유자재로 조절할 수 있다면, 그래서 궁극의 메모리를 만들어 낸다면, 노벨상도 노려볼 수 있지 않을까?

자석의 쓰임새는 무궁무진하다

앞에서는 컴퓨팅이나 메모리 이야기를 주로 했지만, 사실 자석이 사용되는 곳은 무궁무진하다. 눈을 들어 주위를 둘러보면 보이는 물건 중 어딘가에는 자석이 들어가 있을 정도로 우리 주변에는 자석이 널리 활용된다. 책을 시작하며 이야기했던 것처럼, 자석은 냉장고에도, 세탁기에도, 핸드폰에도 들어가며, 전기를 발생시키는 발전기, 전기를 동력으로 바꾸는 모터에도 들어간다. 그리고 최근에 가장 주목 받는 분야는 바로 자동차이다. 자동차에는 곳곳에 자석이 숨어 있다. 흔히 자동차의 모터에만 자석이 있을 것이라고 생각하지만, 모터 이외에도 자동차에서 자석이 들어 있는 부분은 아주 많다. 몇 가지만 얘기해 볼까? 자동차의 브레이크를 세게 밟으면 타이어가 순간적으로 잠기면서 주행 속도에 의해 쭉 미끄러지는 현상이 발생한다. 또한 미끄러지면서 진혀 방향을 조절할 수 없게 되니 그것도 문제다. 그래서 미끄럼을 방지하기 위해서 살짝살짝 브레이크를 조절하여 마찰력을 극대화하게 되는데, 이 장치를 ABSAnti-locking Braking System라고 한다. 여기에 자석이 들어간다. 또 안전벨트를 착용하지 않았거나 차 문이 제대로 닫히지 않았을 때 감지해서 알려주는 센서에도 자석이 필요하다. 비가 올 때 와이퍼가 움직이는 데에도 자석이 필요하고, 차의 공기압을 측정해 주는 센서에도 자석이 들어가며, 기어를 올리고 내리면 그것을 인식하는 데에도 자석이 들어간다.[29]

이렇듯 다양한 곳에 자석이 사용되는 이유는, 자석이 센서로서 탁월한 능력을 발휘하기 때문이다. 자석이란 붙어 있지 않아도 서로 힘을 가할 수 있고, 또 자석이 움직이면 전류가 발생하기 때문에, 이러한 전류를 측정해서 센서로 사용하기도 한다. 생각해 보면 인류 최초의 자석 발명품인 나침반도 방향을 알려주는 일종의 센서이고, 이런 센서는 더욱 발전해서 현재는 인공위성의 자세 제어에 사용되기도 한다. 또한 군사용으로도 사용되는데, 그 이유는 극한 환경에서 다른 종류의 센서보다 자석 센서가 더 잘 작동하기 때문이다. 한 예로 바닷속에서 폭발하는 기뢰는 자석 센서로 작동한다. 바닷속에 있는 기뢰에는 작고 정교한 나침반이 붙어 있는데, 나침반이 움직이면 폭발하도록 만들어진다. 물 위로 배가 지나가게 되면, 배는 철로 만들어져 있기 때문에 자기장이 발생하거나 지구 자기장을 교란시킨다. 이러한 자기장에 의해서 기뢰의 나침반 방향이 움직이면서 폭발하는 것이다. 실제로 2차 세계대전에서 독일군이 기뢰를 이용해 수없이 많은 공격을 감행하였고, 이를 막기 위해 군함은 반드시 자기장에 반응하지 않도록 탈자화를 하거나 아니면 강력한 자기장을 내뿜어서 멀리서 기뢰가 터지도록 해야 할 필요가 있었다.[30] 자석을 이용한 이러한 공격과 방어는 현대의 군대에서도 여전히 중요한 요소 중 하나이다.

자석은 병원에서도 널리 사용되는데, 가장 대표적인 것이 바로 MRI다. 병원에서 뇌 등 인체 내부를 촬영할 때 사용하는 진단 방법이 MRI로, 'Magnetic Resonance Imaging'의 약자이다. 여기에서 'Resonance'는 공명을 뜻하는데, 물리학에서 정의하는 공명이란 '물체의 고유 진동수와 같은 진동수를 외력으로 가해주게 되면 그 진폭이 뚜렷이 증가하는 현상'이다. 이러한 공명을 이용하면 적은 에너지로도 큰 효과를 거둘 수 있다. 몇 가지 예를 들어볼 수 있는데, 그중 대표적인 것이 그네이다. 그네를 타고 있을 때, 그네가 진동하는 것에 맞추어 뒤에서 주기적으로 밀어주면 그네의 진폭은 금방 커진다(진동시키지 않고 그네를 밀어서 높이 올리는 것보다, 진동시킨 후에 살짝살짝 밀어주는 것이 훨씬 적은 에너지로 높은 곳까지 올릴 수 있는 방법이다.). 공명을 이용하면 소리로 유리잔을 깨는 것도 가능하다. 소리가 진동이고, 유리잔 역시 고유한 진동수를 가지고 있으니, 두 개의 진동수를 일치시키면 유리잔의 진동이 커지면서 깨져 버린다.

자석에서도 마찬가지 현상을 볼 수 있다. 자석의 스핀을 회전하는 팽이라고 생각해 보자. 여러분이 팽이를 돌리면 팽이는 스스로 돌면서 서서히 세차운동이라는 것을 하게 된다. 세차운동이란 **그림52**에서 보는 팽이처럼 회전축이 특정 축을 중심으로 회전하는 것이다(지구의 자전축도 세차운동을 한다.). 이것은 주기적으로 진동하는 운동으로 볼 수 있고, 외부에서 같은 진동수를 가해주면 팽이는 쓰러지지 않고 계속 세차운동을 할 수 있다[어릴 적 팽이 꽤나 쳐 봤다 하는 사람이라면 쉽게 이해할 것이다.]. 자성 공명Magnetic Resonance이란 자석의 스핀에 진동하는 외부 전자기파를 가해주어서 계속 세차운동하게 만드는 것이다. 이러한 세차운동의 진동수는 물질마다 다르기 때문에 특정 진동수를 가해주면 특정 물질을 선택적으로 측정할 수도 있다. 병원에서 쓰이는 MRI는 수소 원자의 원자핵이 가진 스핀의 공명을 측정한다. 우리 몸의 대부분이 물로

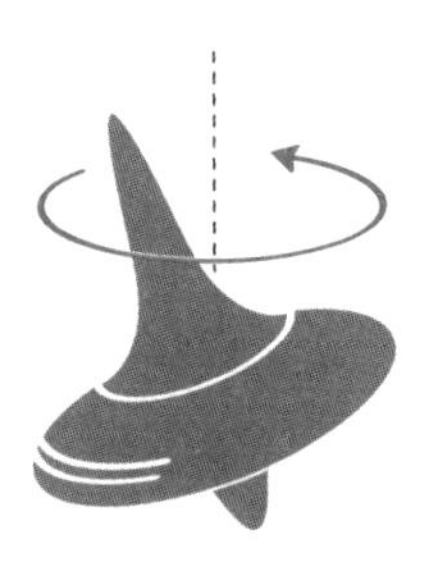

그림52 팽이의 세차운동

이루어져 있고, 물에는 수소가 있기 때문에 이러한 수소 원자를 이용하는 것이다. 몸의 조직마다 물의 함량이 다르기 때문에 해부학적 정보도 얻을 수 있고, 수분 함량의 미세한 차이를 인지하여 암과 같은 비정상 조직들을 진단해낼 수도 있다.

이렇듯 자석은 참으로 다양한 분야에 쓰임새가 있고, 따라서 자석을 제대로 이해하면 생활 주변의 여러 현상들을 이해하는 데에도 크게 도움이 될 것이다.

나오며

지금까지 자석이라는 물질을 탐구하는 인류의 여정을 살펴보았다. 마법과 같다고 생각했던 자석을 이해하기 위해 인류는 끊임없이 질문을 했고, 많은 것을 알아냈다. 이 책을 읽는 독자라면 "과학자들 참 대단하다. 정말 많은 것을 알아냈구나"라고 생각할지도 모르겠다. 그러나 우리는 여전히 아는 것보다 모르는 것이 더 많다. 만유인력 법칙을 발견한 불세출의 물리학자 아이작 뉴턴도 이런 말을 하지 않았던가?

> "나는 단지 바닷가에서 뛰어놀면서, 쉽게 볼 수 없는 매끈한 조약돌이나 예쁜 조개껍데기를 발견하고 이리저리 뛰어

다니며 기뻐하는 작은 아이일 뿐이다. 내 앞에 놓인 거대한 진리의 바다는 발견되지 않은 채로 있는데…”[31]

우리가 모르는 것은 무엇일까? 아직 우리에게 남아 있는 질문은 무엇일까?

자석의 근원이 무엇인지 궁금해하던 과학자들은 이제 그 답을 알고 있다. 그것은 바로 스핀이다. 그런데 생각해 보자. 스핀이라는 것은 세상 모든 만물에 존재한다(그것은 입자의 특성이니까.). 그렇다면 우리의 관심을 굳이 자석에 한정할 필요는 없다. 이제 과학자들은 자석보다 좀 더 근본적인 스핀 그 자체를 보고자 하고 있다. 그리고 그 스핀을 통해서 자연을 보고자 하고 있다.

자연에는 다양한 물질이 존재한다. 금속도 있고, 금속이 아닌 것들도 있다. 전기를 통하는 도체도 있고, 전기를 통하지 않는 부도체도 있다. 기체로 존재하는 것도 있고, 액체, 고체로 존재하는 것들도 있다. 이렇듯 다양한 물질에서 스핀이 어떤 식으로 존재하는지, 어떤 식으로 영향을 미치는지 아직 우리는 제대로 알고 있지 못한다.

또한 우리 주변에는 불도 있고 빛도 있으며, 소리도 있고 진동도 있다. 이러한 자연의 현상이 스핀과 어떤 관련이 있는

지도 아직 제대로 모른다. 어쩌면 빛으로, 혹은 소리로 스핀을 만들어낼 수 있을 날이 올지도 모른다. 그 옛날 외르스테드와 패러데이의 발견처럼, 누군가는 자연과 스핀이 결합하는 그 무언가를 발견할지 모른다. 그러면 또 누군가는 그것이 "왜 그런 것인지" 질문할 것이고, 그렇게 인류는 또 다른 궁금증을 또 해결해 나갈 것이다.

우리 앞에 어떤 발견이 있을지, 그 발견이 세상을 어떻게 바꿀지 지금은 알지 못한다. 전기를 만들어낸 패러데이가 핸드폰을 상상하지 못했던 것처럼 말이다. 그러나 누군가는 지금도 열심히 질문하고 있을 것이고, 그 질문은 새로운 발견을 이끌어 세상을 바꿀 것이다. 그러니 우리는 질문하고 또 질문

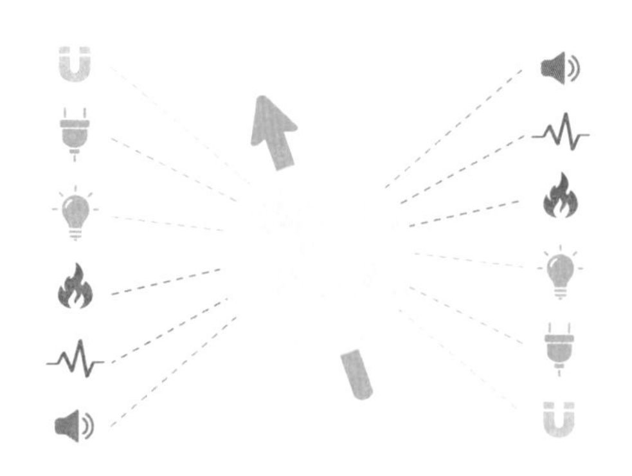

그림53 자석 혹은 스핀과 영향을 주고 받는 자연 현상들

해야 하는 것이다. 비록 이 책은 여기에서 끝을 맺지만, 여정은 아직 끝나지 않았다. 또 다른 질문을 품고, 더 멀리 여행을 계속해 나갈 독자 여러분의 건투를 빈다.

주

1 조육,『자성재료학』, 북스힐(2005).
한국자기학회,『자성재료와 스핀트로닉스 = Magnetic materials and spintro』, 한국자기학회(2014).

2 F. 비터,『자석 이야기』, 지창렬 옮김, 전파과학사(2019).

3 I. BERNARD COHEN, "Authenticity of Scientific Anecdotes", *Nature*, vol.157, pp.196-197. (1946)

4 https://ethw.org/Edison_Effect

5 https://www.nobelprize.org/prizes/chemistry/1908/rutherford/biographical/

6 https://www.nobelprize.org/prizes/physics/1922/bohr/biographical/

7 M. Sarcione et al., "The design, development and testing of the THAAD (Theater High Altitude Area Defense) solid state phased array (formerly ground based radar)", *Proceedings of International Symposium on Phased Array Systems and Technology*, Boston, MA, USA, pp.260-265. (1996)

8 이강영,『스핀-파울리, 배타원리 그리고 양자역학』, 계단(2018).

9 위의 책.

10 히로세 다치시게,『질량의 기원』, 임승원 옮김, 전파과학사(2019).

11 https://www.youtube.com/watch?v=KlJsVqc0ywM

12 Elliot Snider et al., "Room-temperature superconductivity in a carbonaceous sulfur hydride", *Nature*, vol.586, pp.373-377. (2020)

13 한국자기학회(2014), 앞의 책.

14 https://www.japanmetal.com/news-to2017011971931.html
https://www.japanmetal.com/news-to2017011971934.html

《일본산업신문》, 2017.2.17.
15 M. N. Baibich et al. "Giant Magnetoresistance of (001)Fe/(001)Cr Magnetic Superlattices", *Phys. Rev. Lett.* vol.61, pp.2472-2475. (1988)/ G. Binasch et al. "Enhanced magnetoresistance in layered magnetic structures with antiferromagnetic interlayer exchange", *Phys. Rev. B* vol.39, pp.4828-4830. (1989)
16 J. C. Slonczewski, "Current-driven excitation of magnetic multilayers", *J. Magn. Magn. Mater.* vol.159, pp.L1-L7. (1996)/ L. Berger, "Emission of spin waves by a magnetic multilayer traversed by a current", *Phys. Rev. B* vol.54, pp.9353-9358. (1996)
17 E. B. Myers et al. "Current-Induced Switching of Domains in Magnetic Multilayer Devices", *Science*, vol.285, pp.867-870. (1999)
18 Kato et al. "Observation of the Spin Hall Effect in Semiconductors", *Science*, vol.306, pp.1910-1913. (2004)
19 사이토 에이지·무라카미 슈이치,『스핀류와 위상학적 절연체』, 김갑진 옮김, 승산(2017). / S. Maekawa, S. Valenzuela, E. Saitoh, T. Kimura, *Spin Current*, oxford science publications, 2012.
20 사이토 에이지·무라카미 슈이치(2017), 위의 책
21 K. Uchida, S. Takahashi, K. Harii, J. Ieda, W. Koshibae, K. Ando, S. Maekawa & E. Saitoh, "Observation of the spin Seebeck effect", *Nature*, vol.455, pp.778-781. (2008)
22 Matsuo M, Ieda J and Maekawa S, "Mechanical generation of spin current", *Front. Phys.* vol.3, 54. (2015)
23 M. Ono, et al., "Barnett effect in paramagnetic states", *Phys. Rev.* B, vol.92, 174424. (2015)
24 R. Takahashi et al. "Spin hydrodynamic generation", *Nat. Phys.* vol.12, pp.52-56. (2016)
25 K. Harii et al., "Spin Seebeck mechanical force", *Nat. Commun.* vol.10, 2616. (2019)
26 David Reinse l John Gantz, John Rydning, 「The Digitization of the World From Edge to Core」, IDC White Paper (2018) https://resources.

moredirect.com/white-papers/idc-report-the-digitization-of-the-world-from-edge-to-core

27 Radoslav Danilak, "Why Energy Is A Big And Rapidly Growing Problem For Data Centers", *Forbes*, Dec.2017 https://www.forbes.com/sites/forbestechcouncil/2017/12/15/why-energy-is-a-big-and-rapidly-growing-problem-for-data-centers/?sh=437616a45a30

28 K.-J. Kim et al., "Electric Control of Multiple Domain Walls in Pt/Co/Pt Nanotracks with Perpendicular Magnetic Anisotropy" *Appl. Phys. Express*. vol.3, 083001 (2010)

29 Billy Burrows, "HOW ARE MAGNETS USED IN CARS?" (2017) https://www.first4magnets.com/blog/automotive-industry-magnets/

30 F. 비터(2019), 위의 책.

31 David Brewster, *Memoirs of the Life, Writings, and Discoveries of Sir Isaac Newton*, Cambridge University Press, 2010.

KAOS × Epi | 반짝이는 순간

과학의 탐구는 인류가 당면한 질문들에 대해서 가능한 자원을 모두 동원해서 최선의 대답을 해보려는 노력입니다. 그렇게 얻은 대답은 짙은 구름 사이로 한 줄기 빛이 비치는 것처럼 희망을 주기도 하고 실제로 역사의 흐름을 바꾸기도 합니다. 이렇게 통쾌한 순간들을 모아 〈반짝이는 순간〉 시리즈를 시작합니다. 강연을 통해 과학지식을 많은 사람들과 공유하는 카오스재단과, 과학에 대한 비평적 시선을 견지하는 과학잡지 에피가, 이 시대의 질문들에 대한 대답을 찾고 있는 과학자들의 연구와 육성을 함께 기록해서 독자들과 나눕니다. 과학자들의 연구가 우리의 삶을, 그리고 세계를 어떻게 바꾸었고, 또 어떤 방향으로 이끌 것인지 궁금한 모든 독자들이 '반짝이는 순간'을 함께 경험하기 바랍니다.

01 나는 뇌를 만들고 싶다 | 선웅
02 마법에서 과학으로: 자석과 스핀트로닉스 | 김갑진

마법에서 과학으로: 자석과 스핀트로닉스

지은이 김갑진

펴낸이 주일우
펴낸곳 이음
출판등록 제2005-000137호 (2005년 6월 27일)
주소 서울시 마포구 월드컵북로 1길 52 운복빌딩 3층
전화 02-3141-6126 | 팩스 02-6455-4207
전자우편 editor@eumbooks.com
홈페이지 www.eumbooks.com

처음 펴낸 날
2021년 9월 8일
5쇄 펴낸 날
2024년 3월 4일

편집 이승연
아트디렉션 박연주 | **디자인** 권소연
홍보 김예지 | **지원** 추성욱

페이스북
@eum.publisher
인스타그램
@eum_books

ISBN 979-11-90944-31-1 94400
ISBN 979-11-90944-24-3 (세트)

값 18,000원